JN060670

小学 **4** 年生
算数

学校の先生がつくった！

テスト式！
点数 **UP** アップ ドリル

学力の基礎をきたえどの子も伸ばす研究会
図書 啓展 著　金井 敬之 編

フォーラム・A

めざせ
100点♪

コピー
OK！

ドリルの特長

　このドリルは、小学校の現場と保護者の方の声から生まれました。

「解説がついているとできちゃうから、本当にわかっているかわからない…」

「単元のまとめページがもっとあったらいいのに…」

「学校のテストとしても、テスト前のしあげとしても使えるプリント集がほしい！」

　そんな声から、学校では**テスト**として、また**テスト前の宿題**として。ご家庭でも、**テスト前の復習や学年の総仕上げ**として使えるドリルを目指してつくりました。

　こだわった２つの特長をご紹介します。

> ⭐1 やさしい・まあまあ・ちょいムズの３種類のレベルのテスト
> ⭐2 各単元に、内容をチェックしながら遊べる「チェック＆ゲーム」

　テストとしても使っていただけるよう、**観点別評価**を入れ、レベルの表示も🌸で表しました。宿題としてご使用の際は、クラスや一人ひとりの**レベルにあわせて配付**できます。また、遊びのページがあることで楽しく復習でき、**やる気**も続きます。

　テストの点数はあくまでも評価の一つに過ぎません。しかし、テストの点数が上がると、その教科を得意だと感じたり、好きになったりするものです。このドリルで、**算数が好き！得意！**という子どもたちが増えていくことを願います。

- -

キャラクターしょうかい

みんなといっしょに算数(さんすう)の世界(せかい)をたんけんする仲間(なかま)だよ！

ルパたん
アルパカの子ども。
のんびりした性格(せいかく)。
算数はちょっとだけ苦手(にがて)
だけど、がんばりやさん！

ピィすけ
オカメインコの子ども。
算数でこまったときは助(たす)けて
くれて、たよりになる！

使い方

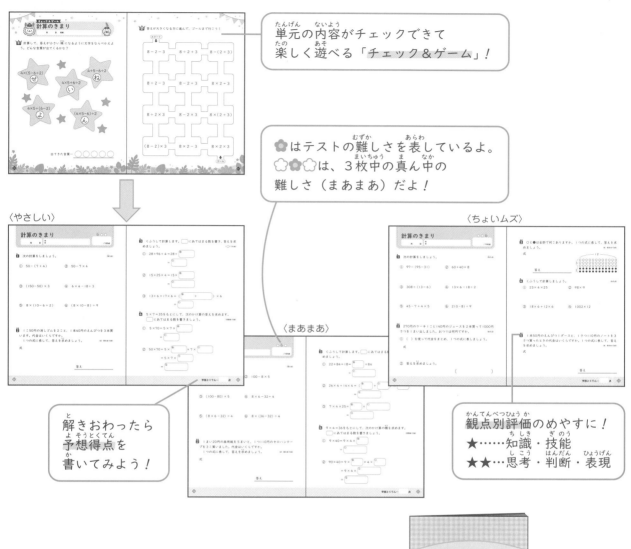

単元の内容がチェックできて
楽しく遊べる「チェック＆ゲーム」！

✿はテストの難しさを表しているよ。
✿✿✿は、3枚中の真ん中の
難しさ（まあまあ）だよ！

〈やさしい〉

〈まあまあ〉

〈ちょいムズ〉

解きおわったら
予想得点を
書いてみよう！

観点別評価のめやすに！
★……知識・技能
★★…思考・判断・表現

丸つけしやすい別冊解答！
解き方のアドバイスつきだよ

※単元によってテストが1枚や2枚の場合もございます。
※つまずきやすい単元は、内容を細分化しテストの数を多めにしている場合もございます。
※小学校で使用されている教科書を比較検討して作成しております。お使いの教科書にない単元や問題が
　あることもございますので、ご確認のうえご使用ください。

テスト式！ 点数アップドリル 算数　4年生　目次

1億より大きい数

月　　日　名前

👑 ☐にあてはまる単位や言葉を、☐から選んで書こう。

① 世界の人口は、およそ79 ☐ 人（2021年）。

② 人間の細ぼうの数は、およそ37 兆 こといわれている。

③ 1万の1 ☐ 倍は1億。

④ 地球がたん生してから、およそ46億年。

　　これを秒になおすと、だいたい14 ☐ 5000兆秒。

⑤ たし算の答えは ☐ 、ひき算の答えは ☐ 。

⑥ かけ算の答えは ☐ 、わり算の答えは ☐ 。

┌─────────────────────────────┐
　万　億　和　積　京　兆　差　商
└─────────────────────────────┘

1億は数字にすると100000000で0が8こ、
1兆は1000000000000で0が12こもついているよ！

6

2 大きくなる方に進んで、ゴールまで行こう！

スタート

15万	10×1000	20万	5000万
2万を10こ集めた数	58000	5000×1000	3億×10
50万	100万を10倍した数	1億	30000000
100万を$\frac{1}{10}$にした数	8000000	200億	10兆

ゴール

ある数を「10こ集める」のは、「10倍する」のと同じで、0が1つふえるね！

1億より大きい数

1 4357269810000という数について答えましょう。

① あ〜うにあてはまる漢字を書きましょう。　（□1つ5点）

4 3 5 7 2 6 9 8 1 0 0 0 0

千	百	十	一	千	百	十	一	千	百	十	一	千	百	十	一

あ〔　〕の位　　い〔　〕の位　　う〔　〕の位　　〔　〕の位

② 4は、何の 位 の数字ですか。　（5点）

（　　　　　　　）

③ 5は、何の位の数字ですか。　（5点）

（　　　　　　　）

④ 7は、何が7こあることを表していますか。　（5点）

（　　　　　　　）

⑤ 千億の位の数字を書きましょう。　（5点）

（　　　　　　　）

⑥ □にあてはまる漢字を書き、読み方を完成させましょう。

（完答5点）

四〔　〕三千五百七十二〔　〕六千九百八十一〔　〕

8

2 次の数を数字で書きましょう。 （各10点）

① 十五兆 四千七百億

② 二十八億三千五百六十四万

(   )

③ 1兆を3こ、1億を6251こあわせた数

(   )

3 （　）にあてはまる数を書きましょう。 （各5点）

① 530000000は、千万を（　　　　　）こ集めた数です。

② 2000億を10こ集めた数は（　　　　　）です。

4 次の計算をしましょう。 （各10点）

①

```
    3 2 1
  × 2 1 3
```

②

```
  4 2 0 0
× 1 3 0
```

1億より大きい数

月　日　名前　　　　　　　　　　　　　　　　　　/100点

1 3479020186000という数について答えましょう。　　　（各10点）

① 9は、何の位の数が9こあることを表していますか。

（　　　　　　　　　）

② この数を漢字で書きましょう。

（　　　　　　　　　　　　　　　　　　）

2 次の数を数字で書きましょう。　　　（各10点）

① 十八兆 四千三十五億九千万

（　　　　　　　　　　　　　　　　　　）

② 1兆を8こ、1億を7こ、1万を5こあわせた数

（　　　　　　　　　　　　　　　　　　）

3 下の数直線の㋐、㋑の数を書きましょう。　　　（各5点）

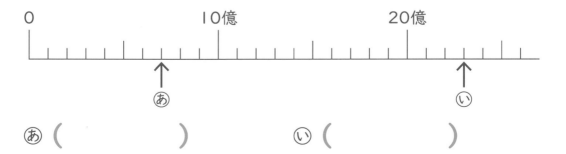

㋐（　　　　　　　）　　㋑（　　　　　　　）

10

4 （　　）にあてはまる数を書きましょう。　　　　　　　　　　（各5点）

① 5億7000万は、1000万を （　　　　　　　　） こ集めた数です。

② 3000億を10倍した数は （　　　　　　　　） です。

5 筆算でくふうして計算しましょう。　　　　　　　　　　　　（各10点）

① 176×205

② 4700×32

6 ゆいさんは、0から9までのカードをならべて10けたの整数
6291574380 をつくりました。　　　　　　　　　　　（各10点）

① 同じように0から9のカードでできるいちばん大きな整数を
つくりましょう。

② ①の数と、ゆいさんのつくった数の差はいくつですか。

（　　　　　　　　　　　　　　　）

1億より大きい数

1 5394680702000という数について答えましょう。　　(各5点)

① 4は、何が4こあることを表していますか。

（　　　　　　　　　）

② 8は、何が8こあることを表していますか。

（　　　　　　　　　）

③ 千億の 位 の数字は何ですか。

（　　　　　　　　　）

④ この数の読み方を漢字で書きましょう。

（　　　　　　　　　　　　　　　　　　　　　）

2 次の数を数字で書きましょう。　　(各5点)

① 三十七億六千四百万

（　　　　　　　　　　　　　　　　　　　　　）

② 十三 兆 八千二百四十億千六百万

（　　　　　　　　　　　　　　　　　　　　　）

③ 1兆を4こ、1億を8こ、1万を2こあわせた数

（　　　　　　　　　　　　　　　　　　　　　）

④ 1億を240こ集めた数

（　　　　　　　　　　　　　　　　　　　　　）

❸ 下の数直線の⑰、⑰の数を書きましょう。　　　　　　　　　(各5点)

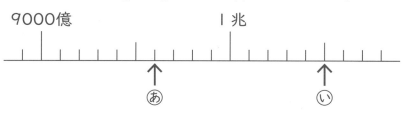

⑰ (　　　　　　　　　　) ⑰ (　　　　　　　　　　)

❹ 次の数を10倍、$\dfrac{1}{10}$ にした数を書きましょう。　　(（　）1つ5点)

① 6000億　　　　　　　　　② 7兆

10倍 (　　　　　　　) 　　　10倍 (　　　　　　　)

$\dfrac{1}{10}$ (　　　　　　　) 　　　$\dfrac{1}{10}$ (　　　　　　　)

❺ 筆算でくふうして計算しましょう。　　　　　　　　　(各10点)

① 386×205　　　　　　　② 670×6900

❻ 右のような6まいのカードを全部ならべて、
6けたの整数をつくります。
　2番目に大きい数は何ですか。　　　(10点)

(　　　　　　　　　　　　　　　)

チェック & ゲーム
折れ線グラフと表

月　　日　名前

👑 **I** 折れ線グラフで表すとよいものが書かれたカードを 3 つ選んで
〇をつけよう！

あ （　　　　）

東京都の 1 年間の気温の
変化（へんか）

い （　　　　）

クラスの人の好（す）きな動物
調べ

う （　　　　）

スーパーで買った品物の
種類（しゅるい）と数

え （　　　　）

毎月の自分の
体重の変化

お （　　　　）

クラスの人の身長

か （　　　　）

お店の毎月の売り上げ

同じ場所の気温や同じ人の身長・体重は折れ線
グラフで表すといいね！

14

下の表を、あといの折れ線グラフに表してみよう。

A社の売り上げ

月	1	2	3	4	5	6
売り上げ（万円）	300	300	350	350	350	400

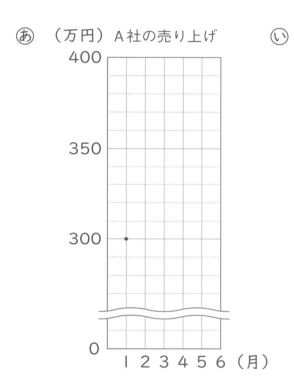

あ （万円）A社の売り上げ

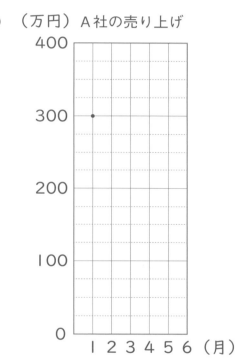

い （万円）A社の売り上げ

同じ表からグラフにしたのに、ふえ方が全然ちがうよ!!

2つのグラフで、ちがうところはどこかな？

折れ線グラフと表

★ グラフを見て答えましょう。

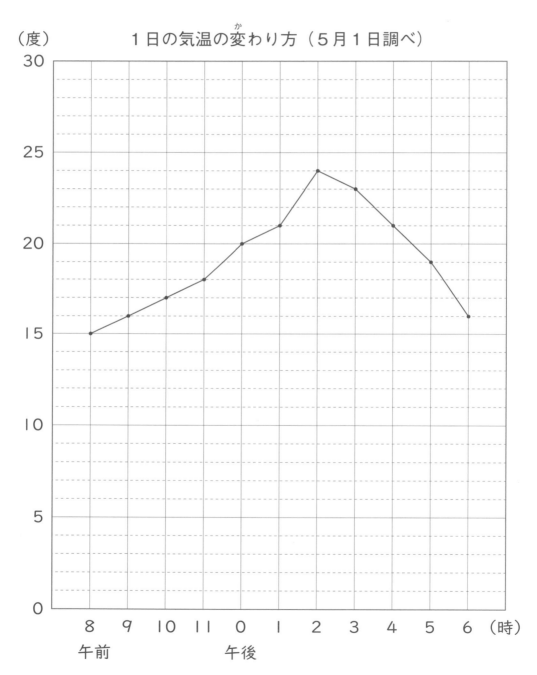

（度）　　　　１日の気温の変わり方（5月1日調べ）

① グラフの名前は、次のうちどちらですか。 (5点)

⠀あ（　　　）ぼうグラフ　　　い（　　　）折れ線グラフ

② 何について調べたグラフですか。 (5点)

（　　　　　　　　　　　　　　　　　　　　　　　　　　）

③ グラフのたてじくと横じくは、それぞれ何を表していますか。

(各10点)

⠀⠀たてじく（　　　　　　　　　　）　　横じく（　　　　　　　　　　）

④ 午前10時の気温は何度ですか。 (10点)

（　　　　　　　　　　）

⑤ 気温が最も高いときの気温と時こくを書きましょう。 (各10点)

⠀⠀気温（　　　　　　　　　）　　時こく（　　　　　　　　　）

⑥ 気温が最も低いときの気温と時こくを書きましょう。 (各10点)

⠀⠀気温（　　　　　　　　　）　　時こく（　　　　　　　　　）

⑦ 気温の上がり方が最も大きいのは何時から何時ですか。 (10点)

（　　　　　　　　　）から（　　　　　　　　　）

⑧ 気温の下がり方が最も小さいのは何時から何時ですか。 (10点)

（　　　　　　　　　）から（　　　　　　　　　）

折れ線グラフと表

1　グラフを見て答えましょう。

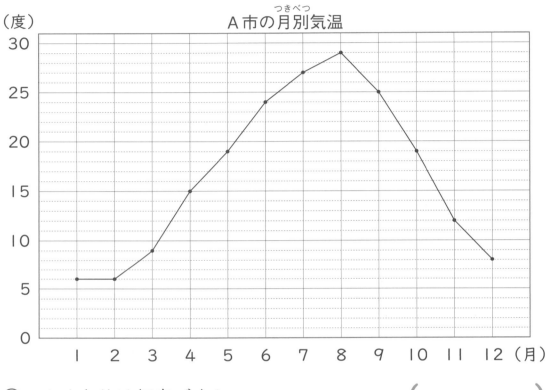

A市の月別気温

① 1めもりは何度ですか。（10点）　　　　　（　　　　　　　）

② 3月と11月の気温はそれぞれ何度ですか。　　　　　　　（各5点）

　　　　　　3月（　　　　　　）　　11月（　　　　　　）

③ 気温の上がり方がいちばん大きいのは何月から何月の間ですか。
（10点）

　　　　　　（　　月）　から　（　　月）　の間

④ 気温の下がり方がいちばん大きいのは何月から何月の間ですか。
（10点）

　　　　　　（　　月）　から　（　　月）　の間

18

2 折れ線グラフに表すとよいものを 2 つ選び、〇をつけましょう。

(〇1つ5点)

あ （ 　　　 ） 4月に調べたクラスの人の身長

い （ 　　　 ） 毎日の体温の変わり方のようす

う （ 　　　 ） 2か月ごとに調べた自分の体重

え （ 　　　 ） 同じ時こくに調べた各地の気温

3 表を見て答えましょう。

① か〜くにあてはまる数を書きましょう。 (各5点)

② 教室で切りきずをした人は何人ですか。 (10点)

（ 　　　　　　 ）

けがの種類とけがをした場所（4月）

けがの種類 ＼ 場所	校庭	体育館	教室	ろう下	合計
すりきず	11	0	6	0	17
打ぼく	0	6	0	8	か
切りきず	8	0	5	0	13
ねんざ	4	き	0	2	10
そのほか	0	2	0	0	2
合計	23	12	11	く	56

③ 体育館でけがをした人は何人ですか。 (10点)

（ 　　　　　　 ）

④ どこでどんなけがをした人がいちばん多いですか。
また、それは何人ですか。 (各5点)

どこで （ 　　　　　　 ） 　どんな （ 　　　　　　 ）

人数 （ 　　　 人 ）

折れ線グラフと表

用意するもの…ものさし

1 下の表は、１日の気温の変化をまとめたものです。グラフの表題とたてじく、横じくを書き、表をグラフに表しましょう。

（表題・たてじく・横じく・グラフ各10点）

気温の変わり方（5月1日調べ・A市）

時こく（時）	午前7	8	9	10	11	午後0	1	2	3	4	5	6
気温（度）	16	17	18	20	22	25	26	27	26	24	22	19

（5月1日調べ／A市）

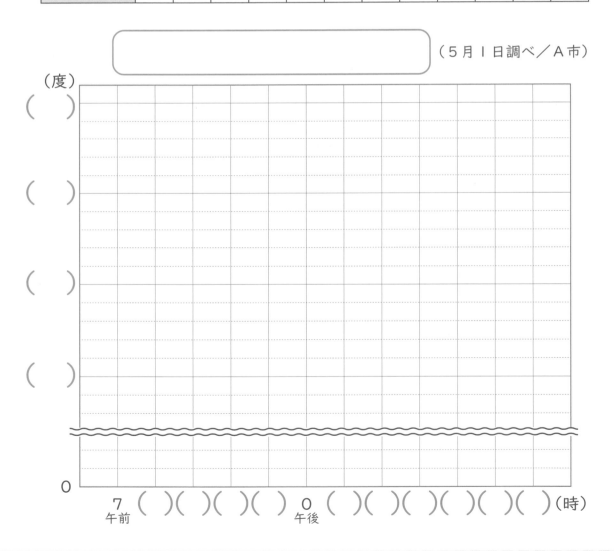

2 **1**のグラフからわかることで、正しい文に〇をつけましょう。

(10点)

あ（　）午後１時から午後６時までの間は、気温が下がり続けている。

い（　）気温の上がり方がいちばん大きいのは午前11時から午後０時の間。

う（　）気温がいちばん低いのは午後６時。

3 りえさんのクラスで、先週と今週の図書室の利用のようすを調べました。

図書室の利用のようす（人）

		今週		合計
		利用した	利用しなかった	
先週	利用した	11	9	20
	利用しなかった	か	4	10
	合計	17	き	30

① 表のか、きにあてはまる数を書きましょう。 (各5点)

② 先週利用した人は何人ですか。 (10点)

（　　　　　　　）

③ 今週利用した人は何人ですか。 (10点)

（　　　　　　　）

④ 先週も今週も利用した人は何人ですか。 (10点)

（　　　　　　　）

⑤ 先週も今週も利用しなかった人は何人ですか。 (10点)

（　　　　　　　）

わり算の筆算（1）

月　　日　名前

 答えが2けたになるところを通ってゴールまで行こう！

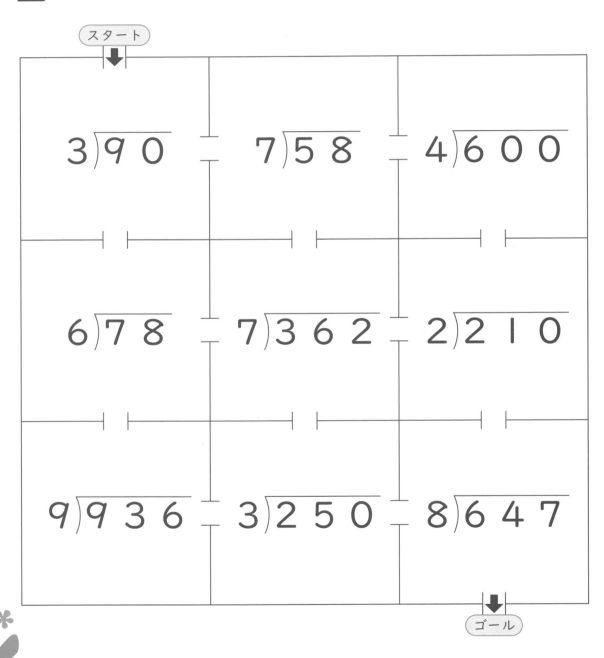

👑2 暗号の手紙だよ。

計算して、ヒントの文字を入れて読んでみよう！

あとすこしで

$$\underset{①}{64 \div 8} \cdot \underset{②}{40 \div 2} \cdot \underset{③}{150 \div 3}$$

$$\underset{④}{800 \div 4} \cdot \underset{⑤}{84 \div 6} \cdot \underset{⑥}{75 \div 5}$$

だね！　楽しみだね。

· ·

ヒント

8	10	14	15	20	50	100	200
う	え	か	い	ん	ど	そ	う

★計算スペース★

⑤ 6⟌84

⑥ 5⟌75

①	②	③	④	⑤	⑥

わり算の筆算（１）

| 月 | 日 | 名前 | | /100点 |

★ 1 次の計算をしましょう。

（各5点）

① 90÷3

② 420÷7

③ 600÷2

④ 6300÷9

★ 2 次の計算をしましょう。

（各5点）

① 6⟌90

② 4⟌74

③ 3⟌97

④ 5⟌732

⑤ 4⟌483

⑥ 7⟌254

24

③ 90mは、3mの何倍ですか。 （式・答え各5点）

式

答え _____

④ 52まいのトランプのカードを、4人で同じ数ずつ分けます。

　1人分は何まいになりますか。 （式・答え各10点）

式

答え _____

⑤ キャンディーが261こあります。6つのふくろに同じ数ずつ分けると、1ふくろ分は何こで、何こあまりますか。 （式・答え各10点）

式

答え _____

わり算の筆算（1）

1 ビルの高さは66mで、電柱の高さの6倍です。
電柱の高さは何mですか。

(式・答え各10点)

式

答え _____

2 次の計算をしましょう。（0の計算はしょうりゃくしましょう） (各5点)

① 81÷3

② 94÷7

③ 84÷4

④ 672÷8

⑤ 926÷3

⑥ 909÷9

❸ 286ページの本を1日6ページずつ読みます。読み終わるのに何日かかりますか。

（式・答え各10点）

式

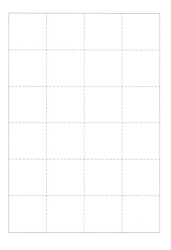

答え _____

❹ Ⓐのノートは5さつで440円、Ⓑのノートは6さつで516円で売られています。

① 次の計算をして、ⒶとⒷの1さつあたりのねだんを求めましょう。

（各10点）

Ⓐ
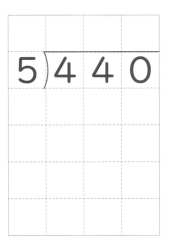

Ⓑ
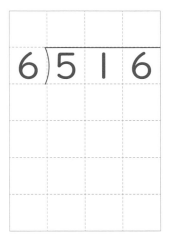

② ⒶとⒷのどちらの方が、1さつあたり何円安いですか。 （完答10点）

（　　　　　　　）の方が1さつあたり（　　　　　　　）安い

1 次の計算をしましょう。　（各10点）

①　280 ÷ 7　　　　　　　②　5600 ÷ 8

2 次の計算をしましょう。（0の計算はしょうりゃくしましょう）（各5点）

① 3)78

② 6)79

③ 4)86

④ 5)697

⑤ 8)827

⑥ 7)652

❸ 次の計算を筆算でして、けん算もしましょう。 （筆算・けん算各5点）

〈けん算〉

$8 \times$ ⬚ $+$ ⬚ $=$ ⬚

❹ 215ページの本を1日6ページずつ読みます。読み終わるのに何日かかりますか。 （式・答え各10点）

式

答え _____

❺ 3m50cmのテープから、長さ8cmのテープは何本とれますか。 （式・答え各10点）

式

答え _____

チェック & ゲーム
角の大きさ

月　　日　名前

 角度を正しくはかっているのはだれかな？〇をつけよう。

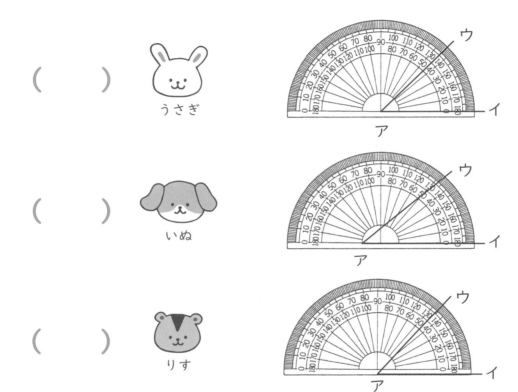

（　　　）　うさぎ

（　　　）　いぬ

（　　　）　りす

 何度かな？正しい方に〇をつけよう。

（　　　）　80°

（　　　）　100°

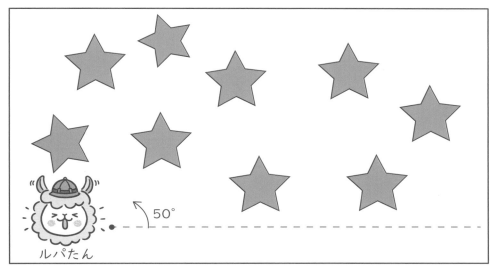

👑**3** ↖、↗の向きに角度をはかって、線をひいてみよう。
★をたくさん集めたのは、ルパたんとピィすけのどちらかな？
（★のどこかが切れていたら、数えないよ）

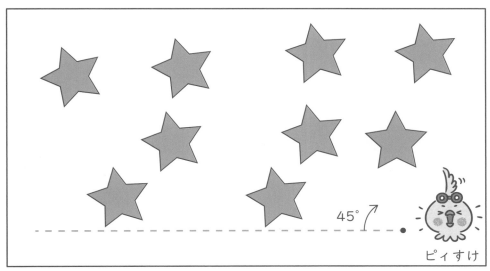

たくさん集めたのは （　　　　　　）

名前

月　　　日　名前

/100点

用意するもの…ものさし、分度器

１ 分度器を使って、角度をはかりましょう。 （各10点）

①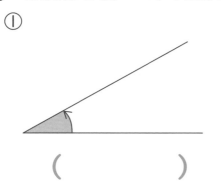

（　　　　　　）

②

（　　　　　　）

③

（　　　　　　）

④

（　　　　　　）

２ ↗、↖ の方に、次の大きさの角をかきましょう。 （各10点）

①　60°

②　120°

0° ————————↗•

•↖———————— 0°

3 次の⑰、⑰、⑰の角の大きさを計算で求めます。

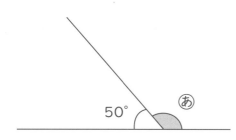

① ⑰と50°をたすと何度ですか。

答え _____

② ⑰は何度ですか。

式

答え _____

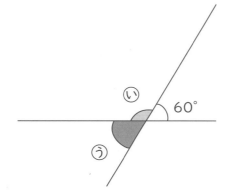

③ ⑰は何度ですか。

答え _____

④ ⑰は何度ですか。

式

答え _____

4 下の図のような三角形をかきましょう。

（10点）

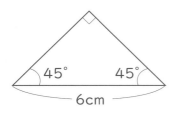

角の大きさ

用意するもの…ものさし、分度器（ぶんどき）

１ □ にあてはまる数を書きましょう。　　　（□1つ5点）

① １直角の角度は □ ° です。

② １回転の角度は □ 直角で □ ° です。

③ 直角を □ こに等分した１つ分の角の大きさは１°です。

２ 分度器を使って、角度をはかりましょう。　　　（各5点）

① 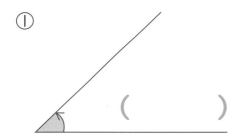　　　（　　　　）

② 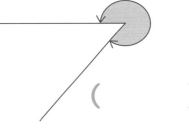　　　（　　　　）

３ ↗、↖ の方に、次の大きさの角をかきましょう。　　　（各10点）

① 65°　　　　　　　② 250°

0° ——————↗ •

4 次の圏〜うの角度を計算で求めましょう。

（式・答え各5点）

①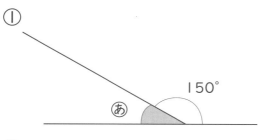

〈圏の角〉
式

答え _____

②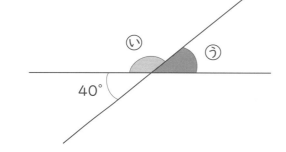

〈いの角〉
式

答え _____

〈うの角〉
式

答え _____

5 下の図のような三角形をかきましょう。

（各10点）

①

②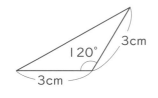

角の大きさ

用意するもの…ものさし、分度器

1 ◻にあてはまる数を書きましょう。　　　　　　（完答各5点）

①　半回転の角度は ◻ 直角で ◻◻ ° です。

②　1回転の角度は ◻ 直角で ◻◻ ° です。

2 分度器を使って、次の角度をはかりましょう。　　　　（各5点）

① 　　　　　　　　　　　②

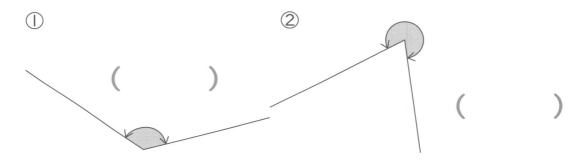

（　　　　　）　　　　　　　　（　　　　　）

3 ↖、↗の方に、次の大きさの角をかきましょう。　（各10点）

①　65°　　　　　　　　　②　300°

③　140°

4 角㋐の大きさを計算で$\overset{\text{もと}}{\text{求}}$めましょう。　　(式・答え各5点)

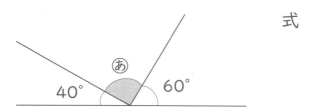

式

答え _____

5 三角じょうぎを組み合わせて角をつくりました。
　　㋑、㋒の角の大きさを計算で求めましょう。　(式・答え各5点)

① 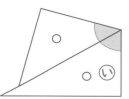　　式

答え _____

② 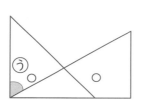　　式

答え _____

6 下の2まいの三角じょうぎの角を組み合わせると、150度を$\overset{\text{つづ}}{\text{続}}$くることができます。絵の続きをかき、□にあてはまる数を書きましょう。　(式・絵各10点)

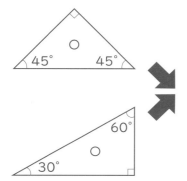 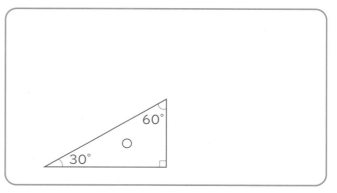

式　[　　　]° ＋ [　　　]° ＝150°

月　　日　名前

 正しいことを言っているのはだれかな？

ねこ

$\dfrac{1}{100}$ の位のことを、小数第三位ともいうよ。

くま

0と0.01では、0の方が小さいよ。
0＜0.01と表せるね。

きつね

2.5は、0.1を250こ集めた数だね。

ねずみ

7.6＋4＝8だよ。

たぬき

小数のひき算の筆算は、位をそろえて、整数のひき算と同じように計算して、答えの小数点は上にあわせてうつよ。

（　　　　　）と（　　　　　）

2 答えが小さい順になるようにならべかえて、文字を読もう。
どんな言葉が出てくるかな？

や | 0.1を23こ集めた数

な | 0.1を2こ、0.01を8こあわせた数

み | 3.6を10倍した数

つ | 3.6を $\dfrac{1}{10}$ にした数

す | 2.56+3.02

$$\begin{array}{r} 2.56 \\ +\ 3.02 \\ \hline \end{array}$$

ヒント 7月から8月ごろは… ◯ ◯ ◯ ◯ ◯

小数

月　日　名前　　　　　　　　　／100点

1 次のかさは何Lですか。小数で書きましょう。 （5点）

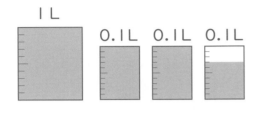

I L　0.1L　0.1L　0.1L

（　　　　　　　）L

2 下の数直線の㋐〜㋔は、それぞれ何mを表していますか。 （各5点）

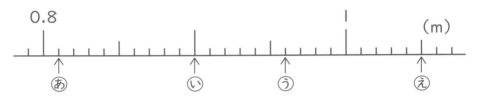

0.8　　　　　　　　　　　I　　　　（m）

㋐　　㋑　　㋒　　　　㋔

㋐（　　　　　　　）m　　㋑（　　　　　　　）m

㋒（　　　　　　　）m　　㋔（　　　　　　　）m

3 次の数はいくつですか。 （（　）1つ5点）

① 0.01を4こ、0.001を7こあわせた数

（　　　　　　　　　）

② 0.62を10倍、$\frac{1}{10}$にした数

10倍（　　　　　　　）　　$\frac{1}{10}$（　　　　　　　）

4 次の量を（ ）の中の単位で表しましょう。 (各10点)

① 2km346m（km）　　（　　　　　　　　）

② 5217g（kg）　　　（　　　　　　　　）

5 次の数は、0.01を何こ集めた数ですか。 (各10点)

① 3.78　　　　　　（　　　　　　　　）

② 6.9　　　　　　 （　　　　　　　　）

6 次の数を、小さい順にならべましょう。 (10点)

3.66	3.63	3.59	3.6

（　　　　　　→　　　　　→　　　　　→　　　　　　）

7 次の計算をしましょう。 (各5点)

①
```
   4 5 . 1 8
 +   6 . 7 3
```

②
```
     5
 - 0 . 2 8
```

小数

月　　日　名前　　　　　　　　　　　　　　　　／100点

1 8.354という数について答えましょう。 (各5点)

① 4は何の位の数字ですか。 （　　　　　　）

② 5は何が5こあることを表していますか。 （　　　　　　）

③ 0.001を何こ集めた数ですか。 （　　　　　　）

2 下の数直線の㋐〜㋓は、それぞれ何mを表していますか。(各5点)

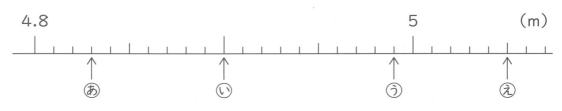

㋐ （　　　　　）m 　　㋑ （　　　　　）m

㋒ （　　　　　）m 　　㋓ （　　　　　）m

3 7.69を10倍、100倍、$\frac{1}{10}$ にした数を書きましょう。 (各5点)

① 10倍 （　　　　　　　）

② 100倍 （　　　　　　　）

③ $\frac{1}{10}$ （　　　　　　　）

★
4 次の量を、（　）の中の単位で表しましょう。　　　　　　　　（各5点）

① 3L800mL（L）　　（　　　　　　　　　　　）

② 6m43cm（m）　　（　　　　　　　　　　　）

③ 9kg25g（kg）　　（　　　　　　　　　　　）

★
5 次の計算を筆算でしましょう。　　　　　　　　　　　　　　　（各10点）

① 31.27＋6.4　　　　　　② 27－4.36

★★
6 ⑴ ③ ⑤ ⑥ ⑧ ⑨ ． の6つの数字と1つの小数点のカードをならべてできる数を考えましょう。
（ただし、いちばん右には小数点は置けません）　　　　　　　（各5点）

① いちばん大きい数　　（　　　　　　　　　　　）

② いちばん小さい数　　（　　　　　　　　　　　）

③ 2番目に大きい数　　（　　　　　　　　　　　）

小数

| 月 | 日 | 名前 | /100点 |

---

1 次の数はいくつですか。　　　　　　　　　　　　（（ ）1つ5点）

① 0.01を3こ、0.001を6こあわせた数

　　　　　　　　　　　　　　　（　　　　　　　　　）

② 0.074を10倍、100倍した数

　　10倍 （　　　　　　　　　）　　100倍 （　　　　　　　　　）

③ 3.08を $\frac{1}{10}$、$\frac{1}{100}$ にした数

　$\frac{1}{10}$ （　　　　　　　　　）　　$\frac{1}{100}$ （　　　　　　　　　）

2 下の数直線を見て答えましょう。　　　　　　　　（（ ）1つ5点）

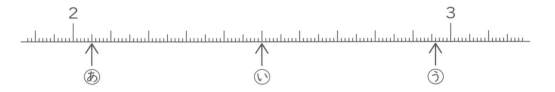

① あ～うのめもりが表す数を書きましょう。

　あ （　　　　　）　い （　　　　　）　う （　　　　　）

② あとうは、それぞれ0.01を何こ集めた数ですか。

　あ （　　　　　　　）　　う （　　　　　　　）

44

3 次の量を（　）の中の単位で表しましょう。　(各5点)

① 2km83m （km）　（　　　　　　　　）

② 59g （kg）　　　（　　　　　　　　）

4 次の計算を筆算でしましょう。　(各10点)

① 54.32＋5.7

② 6－0.072

5 お湯がポットに3.62L入っていました。そこに0.58L入れました。あわせて何Lになりましたか。　(式・答え各5点)

式

答え

6 重さが3.069kgのメロンあと、2543gのメロンⓘがあります。どちらのメロンが何kg重いですか。　(式・答え各5点)

式

答え

チェック & ゲーム
わり算の筆算 (2)

月　　日　名前

👑 1 商が十の位<ruby>位<rt>くらい</rt></ruby>からたつ式に色をぬろう！

24)291

24)275

24)256

24)213

24)209

24)263

24)238

24)285

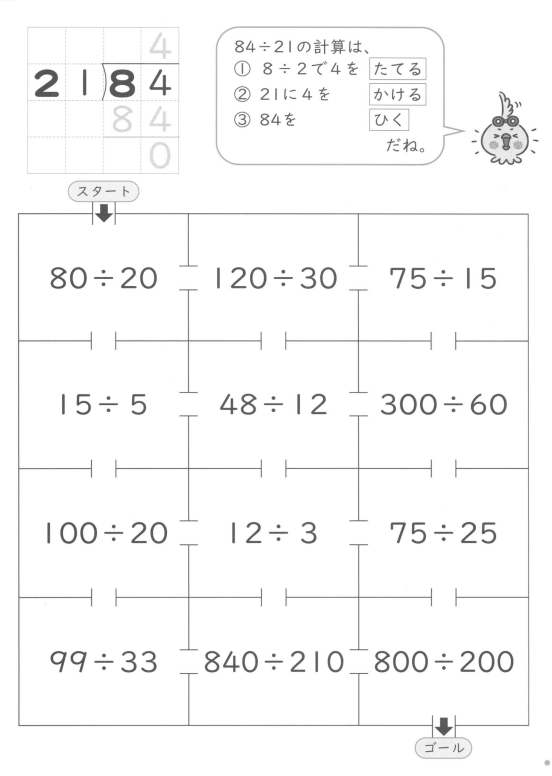

2 84÷21と商が同じ式を通ってゴールまで行こう！

84÷21の計算は、
① 8÷2で4を たてる
② 21に4を かける
③ 84を ひく
だね。

スタート

80÷20	120÷30	75÷15
15÷5	48÷12	300÷60
100÷20	12÷3	75÷25
99÷33	840÷210	800÷200

ゴール

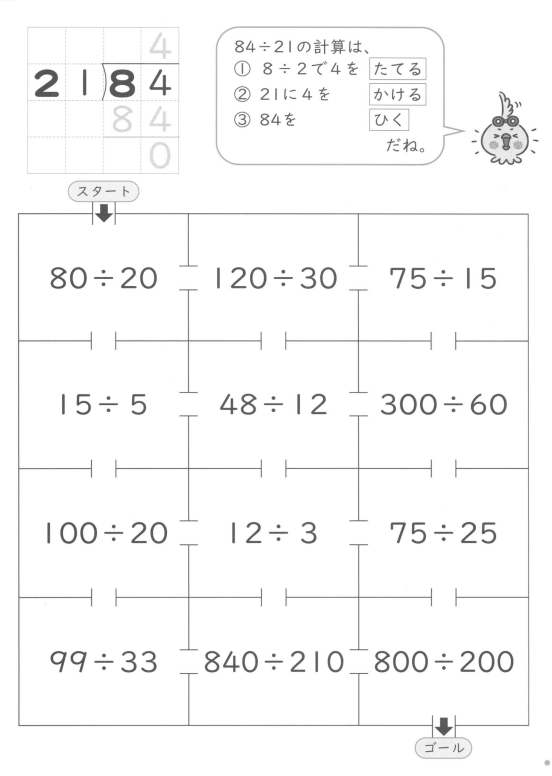

わり算の筆算（2）

1 次の計算をしましょう。 (各5点)

① $140 \div 20 =$ □

② $400 \div 80 =$ □

③ $250 \div 70 =$ □ あまり □

2 次の計算をしましょう。 (各5点)

①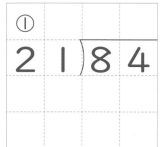

②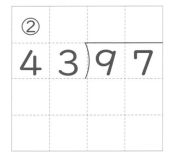

③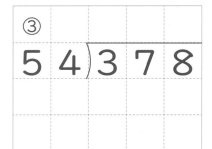

④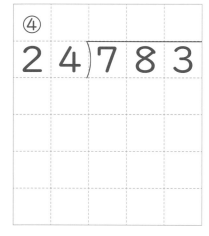

⑤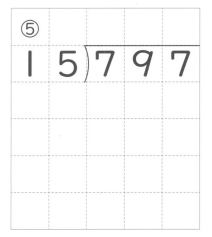

❸ 次の計算を筆算でして、けん算もしましょう。 （筆算・けん算各10点）

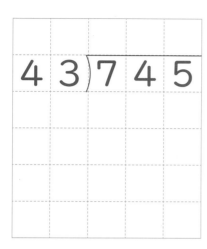

〈けん算〉

式　43 × ☐ ＋ ☐

＝ ☐

❹ 80人の子どもが１列に15人ずつならびます。
15人の列が何列できて、何人あまりますか。

（式・答え各10点）

式

答え

❺ 300本のえんぴつがあります。12本
ずつ箱につめていくと、何箱できますか。

（式・答え各10点）

式

答え

わり算の筆算 (2)

1 次の計算をしましょう。　　　　　　　　(各10点)

① 69÷23

② 92÷34

③ 263÷37

④ 556÷24

2 長さが560mのまっすぐな道に14mおきに木を植えます。
木は全部で何本いりますか。　　　　(式・答え各5点)

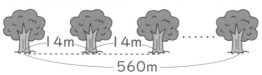
14m　14m　……
560m

式

答え

3 次の計算を筆算でして、けん算もしましょう。 （筆算・けん算各10点）

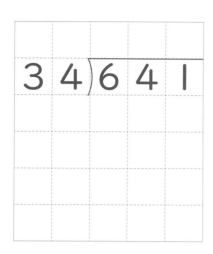

〈けん算〉

式　34× ☐ ＋ ☐

＝ ☐

4 次の計算をくふうしてしましょう。
（答えは整数で求め、②、⑥はあまりも出しましょう） （各5点）

①　60÷20

②　80÷30

③　27000÷900

④　3000÷600

⑤　2800÷80

⑥　6500÷800

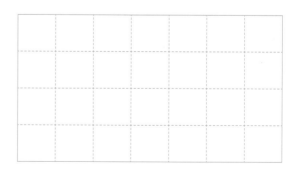

わり算の筆算（2）

月　　日　名前　　　　　　　　　　　　　　　　　　　/100点

1 次の計算をしましょう。

_{（各5点）}

① 720÷90 = ☐

② 650÷70 = ☐ あまり ☐

③ 96÷26

④ 93÷37

⑤ 389÷45

⑥ 453÷31

⑦ 862÷39

⑧ 675÷42

⑨ 850÷240

⑩ 7210÷243

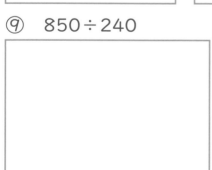

❷ 次の計算を筆算でして、けん算もしましょう。 （筆算・けん算各10点）

$$36)\overline{741}$$

〈けん算〉

$$\boxed{} \times \boxed{} + \boxed{}$$

$$= \boxed{}$$

❸ 263このりんごを、1箱に12こずつつめると、何箱できて何こあまりますか。 （式・答え各5点）

式

答え

❹ ある数を16でわったら、商が23であまりは12になりました。

（式・答え各5点）

① ある数を求めましょう。

式

答え

② この数を19でわったときの答えを求めましょう。

式

答え

チェック & ゲーム
倍の見方

月　　日　名前

ルパたん

👑 ある日の の日記だよ。①〜③があっていれば〇を、まちがっていれば×を書こう。

〇月×日　☀

　今日はスーパーへ買い物に行ったよ。

　くだもの売り場へ行ったら、150円だったものは300円に、50円だったものは200円になっていてびっくり！どちらも150円ね上がりしているから、
①
どちらのくだものもまったく同じようにね上がりしているんだなぁ。でも、ぼくはおこづかいが、0.9倍
②
になって前より多くなったから、だいじょうぶ♪

　そのあと、キャンディのはかり売りに行ったよ。50gで30円だから、150gで90円だね！
③
家に帰ってキャンディを食べて、楽しい1日だったな！

---

①(　　　　) ②(　　　　) ③(　　　　)

54

2 （ ）に3が入るところを通ってゴールまで行こう！

スタート

6mは2mの
（ 3 ）倍

12人は6人の
（ ）倍

5kgを1と
みたとき20kgは
（ ）

4mを1と
みたとき12mは
（ ）

30円は10円の
（ ）倍

7cmは21cmの
（ ）倍

8kgは2kgの
（ ）倍

7mを1と
みたとき21mは
（ ）

60分は15分の
（ ）倍

20分は5分の
（ ）倍

45分は15分の
（ ）倍

450円は
150円の
（ ）倍

ゴール

倍の見方

1 赤いリボンの長さは36cmで、白いリボンの長さは９cmです。

①　赤いリボンの長さは、白いリボンの長さの何倍ですか。

（式・答え各10点）

式

答え _____

②　９cmを１とみたとき、36cmはいくつにあたりますか。（10点）

（　　　　　　　）

2 箱の中にあめが48こ入っています。これはふくろの中のあめの数の３倍です。

（各10点）

①　ふくろに入っているあめの数を□ことして、かけ算の式で表しましょう。

式

②　ふくろに入っているあめの数は何こですか。

（　　　　　　　）

❸ 電柱の高さは７ｍで、ビルの高さは56ｍです。ビルの高さは、電柱の高さの何倍ですか。 （式・答え各10点）

式

答え _____

❹ レモンの重さは162ｇで、メロンの重さはその９倍でした。メロンの重さは何ｇですか。 （式・答え各10点）

式

答え _____

❺ 野菜がね上がりしています。あるスーパーでは、キャベツとほうれん草のねだんを下のようにね上げしました。
ねだんの上がり方が大きいのは、どちらといえますか。 （10点）

キャベツ（１こ）　　ほうれん草（１ふくろ）

70円→280円　　120円→360円

（　　　　　　　　　）

チェック & ゲーム
がい数

月　　　日　名前

👑 がい数で表すと<u>よくないもの</u>が書かれた風船を 4 つ選(えら)び、×を
つけよう！

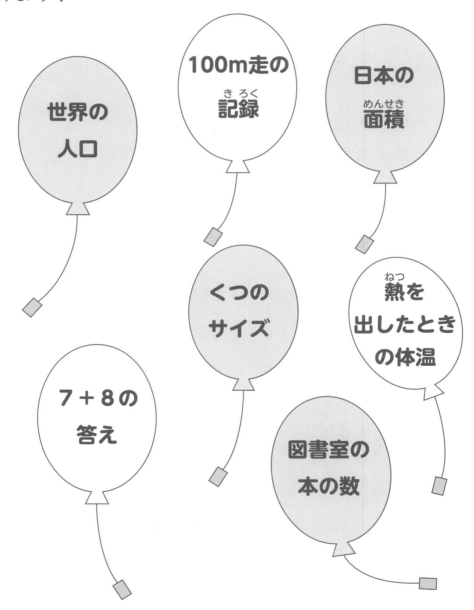

世界の
人口

100m走の
記録(き ろく)

日本の
面積(めんせき)

くつの
サイズ

熱を(ねつ)
出したとき
の体温

7 ＋ 8の
答え

図書室の
本の数

2 百の位を四捨五入して5000になるところを通ってゴールまで行こう！

スタート

5200	4750	4370
5610	5390	4440
5599	4520	5660
5930	5280	4950

ゴール

月　　日　名前

/100点

1　次の数の十の位、百の位の数字をそれぞれ四捨五入して、がい数で表しましょう。

(（　）1つ5点)

①　5832

十の位（　　　　　　　　）

百の位（　　　　　　　　）

②　169450

十の位（　　　　　　　　）

百の位（　　　　　　　　）

2　次の数を四捨五入して［　　］のがい数にします。四捨五入する位の数字を□でかこみ、がい数にしましょう。

(□、答え各5点)

①　486　　　　［十の位まで］

（　　　　　　　　）

②　6174　　　　［百の位まで］

（　　　　　　　　）

③　3529　　　　［千の位まで］

（　　　　　　　　）

④　82407　　　　［一万の位まで］

（　　　　　　　　）

③ 次の数を四捨五入して、[　]のがい数で表しましょう。 (各5点)

① 47329　[上から1けた]

(　　　　　　　　)

② 763250　[上から2けた]

(　　　　　　　　)

④ (　) にあてはまる数を書きましょう。 ((　) 1つ5点)

① 十の位を四捨五入したとき、300になる整数は、250から
(　　　　　) までです。

② 一の位を四捨五入したとき、150になる整数は、
(　　　　　) から (　　　　　) までです。

⑤ 四捨五入して、上から1けたのがい数にして、答えを見積もりましょう。 (完答各5点)

① 7618+5493→ [　　　　] + [　　　　] = [　　　　]

② 8546-3720→ [　　　　] - [　　　　] = [　　　　]

③ 6140×589→ [　　　　] × [　　　　] = [　　　　]

がい数

1 次の数の百の位、千の位の数字をそれぞれ四捨五入して、がい数で表しましょう。

（（　）1つ5点）

① 86731

百の位 （　　　　　　　）

千の位 （　　　　　　　）

② 1674300

百の位 （　　　　　　　）

千の位 （　　　　　　　）

2 次の数を四捨五入して、[　]のがい数にしましょう。 （各5点）

① 5386 [十の位まで]
（　　　　　　　）

② 28051 [百の位まで]
（　　　　　　　）

③ 8380 [千の位まで]
（　　　　　　　）

④ 546964 [一万の位まで]
（　　　　　　　）

3 次の数を四捨五入して、[　]のがい数にしましょう。 （各5点）

① 5668129 　[上から1けた]　（　　　　　　　　　　　　）

② 28430938 　[上から2けた]　（　　　　　　　　　　　　）

4 四捨五入して上から1けたのがい数にして答えを見積もりましょう。

（完答各10点）

① 3749×32 → ［　　　　　］ × ［　　　　　］ = ［　　　　　］

② 8421÷197 → ［　　　　　］ ÷ ［　　　　　］ = ［　　　　　］

5 (　) にあてはまる数や言葉を書きましょう。 (完答各5点)

① 十の位を四捨五入したとき、500になる整数は
(　　　) から (　　　) までです。

② 一の位を四捨五入したとき、250になる整数は
(　　　) 以上(いじょう) 255 (　　　) のはんいです。

6 ドラッグストアで右の5つの品物を買います。

品物	ねだん	約(やく)○円
シャンプー	948	
せんざい	430	
目薬	445	
ティッシュ	298	
日焼(や)け止め	895	

① いくらあればたりるかを調べるときのやり方で、正しいものに○をつけましょう。 (5点)

あ (　) 四捨五入して百の位までのがい数にする。

い (　) 切り上げて百の位までのがい数にする。

う (　) 切り捨(す)てて百の位までのがい数にする。

② ①のやり方でがい数にして、表に書きましょう。 (各2点)

③ 千円さつが何まいあればたりますか。 (5点)

(　　　)

予想とくてん… 　点

がい数

月　　　日

名前

☆☆🐾

/100点

1 四捨五入して、[　]のがい数にしましょう。　　　　　　(各5点)

①　45371　[千の位まで]　　　　（　　　　　　　　）

②　18964　[一万の位まで]　　　（　　　　　　　　）

③　298530　[一万の位まで]　　（　　　　　　　　）

2 四捨五入して、[　]のがい数にしましょう。　　　　　　(各5点)

①　39572　[上から1けた]　　　（　　　　　　　　）

②　70634　[上から2けた]　　　（　　　　　　　　）

③　497510　[上から2けた]　　（　　　　　　　　）

3 四捨五入して、百の位までのがい数にして、答えを見積もりましょう。　　　　　　(式・答え各5点)

①　1640−573

式

答え

②　731×392

式

答え

4 （ ）にあてはまる数を書きましょう。

(( ) 1つ5点)

① 四捨五入して、十の位までのがい数にしたとき、260になる整数は、（　　　　　）から（　　　　　）までです。

② 十の位を四捨五入してがい数にすると、1900になる整数のはんいは（　　　　　）以上（　　　　　）未満です。

5 次の数は、四捨五入して百の位までのがい数で表すと、4700になる数です。□にあてはまる数を（ ）にすべて書きましょう。

(各5点)

① ４６□８　（　　　　　　　　　　　　　）
② ４７□６　（　　　　　　　　　　　　　）

6 28人で社会見学に行きます。

(式・答え各5点)

① １人分の入場料は170円です。全員の入場料はおよそいくらですか。それぞれ上から１けたのがい数にして見積もりましょう。

式

答え _____

② バスを借りるのに28400円かかります。
　１人分のバス代はおよそいくらですか。それぞれ上から１けたのがい数にして見積もりましょう。

式

答え _____

計算のきまり

月　　日　名前

👑 計算して、答えが小さい順（じゅん）になるように文字をならべかえよう。どんな言葉が出てくるかな？

4×(5−6÷2)　せ

4×5+6÷2　い

4+5−6÷2　ね

4×5÷(6−2)　よ

(4×5−6)÷2　ん

出てきた言葉…　◯◯◯◯◯

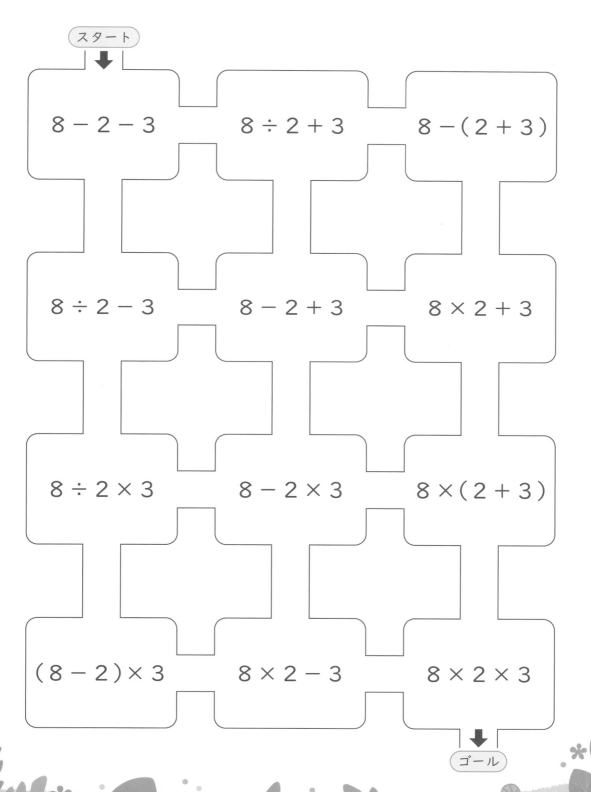

2 答えが大きくなる方に進んで、ゴールまで行こう！

スタート

8 − 2 − 3	8 ÷ 2 + 3	8 −（2 + 3）
8 ÷ 2 − 3	8 − 2 + 3	8 × 2 + 3
8 ÷ 2 × 3	8 − 2 × 3	8 ×（2 + 3）
（8 − 2）× 3	8 × 2 − 3	8 × 2 × 3

ゴール

計算のきまり

1 次の計算をしましょう。　　　　　　　　　　　　　（各5点）

① 50−（7＋4）　　　　　　② 50−7×4

③ （150−50）×3　　　　　④ 6×4−18÷3

⑤ 8×（10−6÷2）　　　　⑥ （8×10−8）÷9

2 1こ50円の消しゴムを2ことと、1本40円のえんぴつを3本買います。代金はいくらですか。
　　1つの式に表して、答えを求めましょう。　　　（式・答え各10点）

式

　　　　　　　　　　　　　　答え

68

3 くふうして計算します。□にあてはまる数を書き、答えを求めましょう。（□1つ5点）

① $28+96+4=28+$ ㋐□

$=$ ㋑□

② $15\times25\times4=15\times$ ㋐□

$=$ ㋑□

③ $13\times6+17\times6=($ ㋐□ $+$ □ $)\times6$

$=$ ㋑□

4 $5\times7=35$をもとにして、次のかけ算の答えを求めます。□にあてはまる数を書きましょう。（完答各10点）

① $5\times70=5\times7\times$ ㋐□

$=$ ㋑□

② $50\times70=5\times$ ㋐□ $\times7\times$ ㋑□

$=5\times7\times$ ㋒□

$=$ ㋓□

予想とくてん…　　点

計算のきまり

1 次の計算をしましょう。 (各5点)

① 100−（80＋5）　　　② 100−8×5

③ （100−80）×5　　　④ 8×6−32÷4

⑤ （8×6−32）÷4　　　⑥ 8×（36−32）÷4

2 1まい20円の画用紙を5まいと、1つ110円のセロハンテープを3こ買いました。代金はいくらですか。
1つの式に表して、答えを求めましょう。 (式・答え各10点)

式

答え

3 くふうして計算します。□にあてはまる数を書き、答えを求めましょう。

(完答各10点)

① $22 + 84 + 18 =$ あ[　　]$+ 84$

       $=$ い[　　]

② $26 \times 4 + 14 \times 4 = ($ あ[　　]$+$ い[　　]$) \times$ う[　　]

       $=$ え[　　]

③ $7 \times 4 \times 25 =$ あ[　　]$\times$ い[　　]

       $=$ う[　　]

4 $9 \times 4 = 36$ をもとにして、次のかけ算の積を求めます。□にあてはまる数を書きましょう。

(完答各10点)

① $9 \times 40 = 9 \times 4 \times$ あ[　　]

       $=$ い[　　]

② $90 \times 40 = 9 \times$ あ[　　]$\times 4 \times$ い[　　]

       $= 9 \times 4 \times$ う[　　]

       $=$ え[　　]

計算のきまり

1 次の計算をしましょう。 (各5点)

① 97−(95−31)

② 60+40×8

③ 308÷(13−6)

④ 13×6−18÷2

⑤ 45−7+4×5

⑥ 210−81÷9

2 270円のケーキ1ことと140円のジュースを2本買って1000円さつを1まい出しました。おつりは何円ですか。 (各5点)

① （　）を使って代金をまとめ、1つの式に表しましょう。

式

② 答えを求めましょう。

（　　　　　　　　　　　）

72

3 〇と●は全部で何こありますか。1つの式に表して、答えを求めましょう。

(式・答え各10点)

式

```
          ┌─────── 12 ───────┐
     ○○○○○○○○○○○○
   3 ○○○○○○○○○○○○
     ○○○○○○○○○○○○
     ●●●●●●●●●●●●
   2 ●●●●●●●●●●●●
```

答え _____

4 くふうして計算しましょう。

(各5点)

① 23×4×25

② 98×9

③ 18×6＋12×6

④ 1002×12

5 1本50円のえんぴつ1ダースと、1さつ110円のノートを3さつ買ったときの代金はいくらですか。1つの式に表して、答えを求めましょう。

(式・答え各10点)

式

答え _____

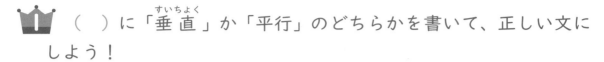

👑 （　）に「垂直」か「平行」のどちらかを書いて、正しい文にしよう！

① 　２本の直線が直角に交わっているとき、この２本の直線は（　　　　　　　）であるといえるよ。

② 　１本の直線に垂直な２本の直線は（　　　　　　　）であるといえるよ。

③ 　（　　　　　　　）な直線は、どこまでのばしても交わらないよ。

④ 　正方形の２本の対角線は（　　　　　　　）だよ。

⑤ 　長方形の向かい合った辺は（　　　　　　　）だよ。

なんだか言葉がムズカシイ…！

絵にかいてみればわかるよ！
たとえば②ならこうだね→

2 四角形を正方形にヘンシンさせるよ！（ ）にあてはまる数や言葉を ☐ から選んで書き、○にあてはまる文字を書いて、図形の名前を完成させよう。

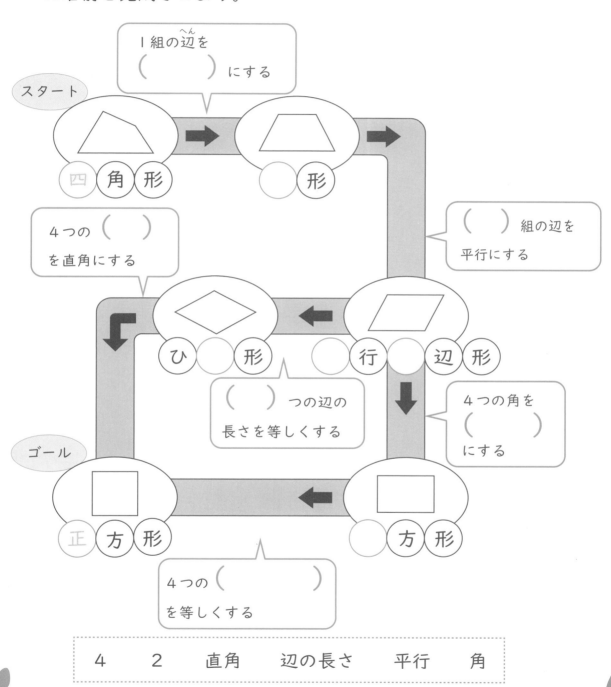

1組の辺を（　　　　）にする

スタート

四 角 形

（　）形

（　）組の辺を平行にする

4つの（　　）を直角にする

ひ ○ 形

○ 行 ○ 辺 形

（　）つの辺の長さを等しくする

4つの角を（　　）にする

ゴール

正 方 形

（　）方 形

4つの（　　　）を等しくする

| 4 | 2 | 直角 | 辺の長さ | 平行 | 角 |

垂直と平行

月　　日　名前

／100点

用意するもの…ものさし

1 次の図について答えましょう。

(各10点)

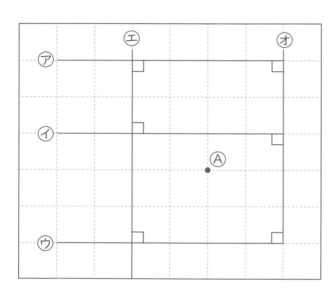

①　⑦の直線に垂直な直線はどれですか。

（　　　と　　　）

②　⑦の直線に平行な直線はどれですか。

（　　　と　　　）

③　㋒の直線に垂直な直線は何本ありますか。

（　　　　　）

④　㋒の直線と㋓の直線の関係は、垂直ですか、それとも平行ですか。

（　　　　　）

⑤　点Ⓐを通って、㋑の直線に垂直な線をひきましょう。

2 次の図について答えましょう。

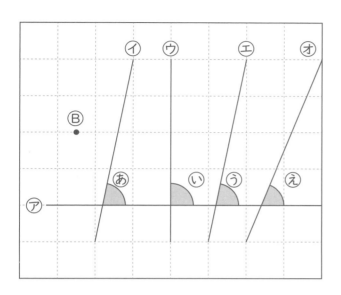

① ⑦の直線に平行な直線はどれですか。

（　　　　　　　）

② 角あと大きさが等しい角はどれですか。

（　　　　　　　）

③ 点Ⓑを通って、⑦の直線に平行な線をひきましょう。

3 下の長方形について答えましょう。

（各10点）

① 辺ＡＢと平行な辺はどれですか。

（　　　　　　　）

② 辺ＢＣと垂直な辺はどれですか。

（　　　と　　　）

予想とくてん…　　　　点　　77

垂直と平行

／100点

用意するもの…ものさし、三角じょうぎ

1 次の図について答えましょう。

（各10点）

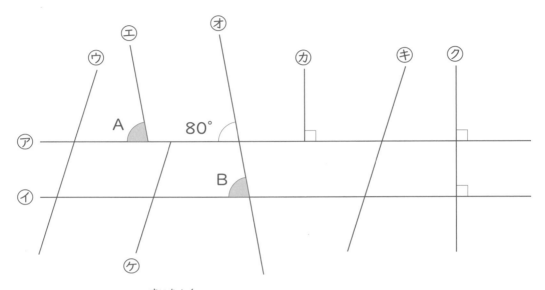

① ㋐の直線に垂直な直線はどれですか。全部書きましょう。

（　　　　　　　　）

② ㋖の直線に平行な直線はどれですか。全部書きましょう。

（　　　　　　　　）

③ ㋕の直線と㋘の直線の関係は何であるといえますか。

（　　　　　　　　）

④ ㋓の直線と㋔の直線は平行です。
　 角Aの角度は何度ですか。

（　　　　　　　　）

⑤ 角Bの角度は何度ですか。

（　　　　　　　　）

2 2まいの三角じょうぎを使って、次の直線をかきましょう。

（各10点）

① 点Aを通り、アの直線に垂直な直線

② 点Bを通り、イの直線に垂直な直線

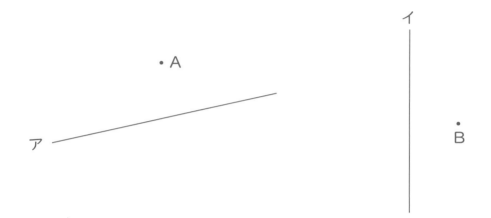

③ 点Cを通り、ウの直線に平行な直線

④ 点Dを通り、エの直線に平行な直線

⑤ 点Eを通り、エの直線に平行な直線

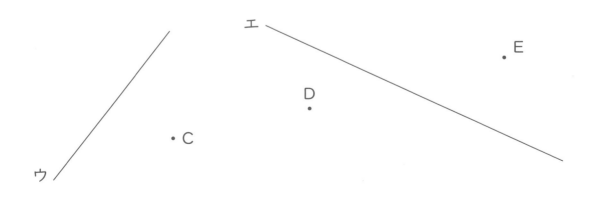

垂直と平行

| 月　　　日 | 名前 | /100点 |

用意するもの…ものさし、三角じょうぎ

1 次の直線について答えましょう。 　　　　　　　　　(各10点)

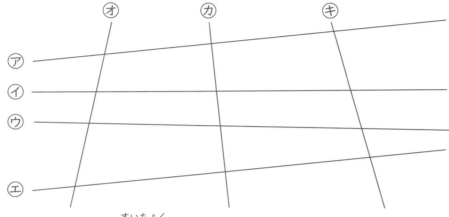

① ⑦の直線に垂直な直線はどれですか。

（　　　　　　　）

② ⑦の直線に平行な直線はどれですか。

（　　　　　　　）

③ ①と⑦の直線の関係は何であるといえますか。

（　　　　　　　）

2 図のように、2組の平行な直線が交わっています。
角あ、角いの大きさは何度ですか。

（各10点）

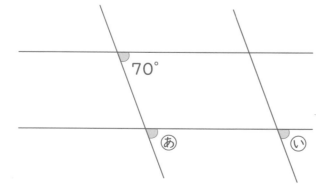

角あ（　　　　　　　）

角い（　　　　　　　）

★3 点Aを通って、アの直線に垂直な直線をかきましょう。 （各10点）

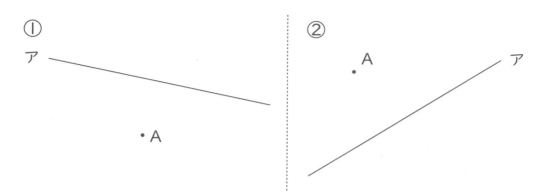

① ②

★4 点Bを通って、イの直線に平行な直線をかきましょう。 （各10点）

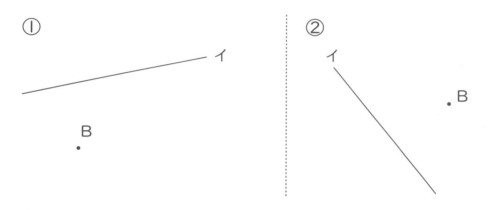

① ②

★5 2まいの三角じょうぎを使って、たて4cm、横6cmの長方形
をかきましょう。 （10点）

6cm

四角形

用意するもの…ものさし、三角じょうぎ、分度器、コンパス

❶ 次の四角形の名前を書きましょう。　　　　　　　　（各5点）

①

(　　　　　)　　(　　　　　)　　(　　　　　)

②　　　　　　　　　　　　　　　　　③

④　　　　　　　　　　　⑤

(　　　　　)　　　　(　　　　　)

❷ 下の平行四辺形について答えましょう。

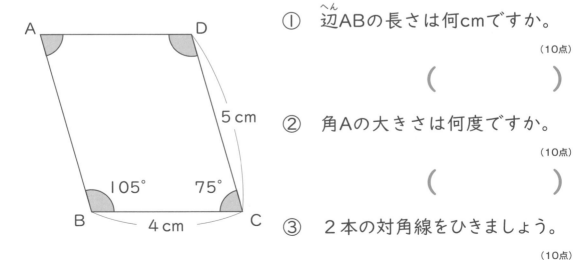

①　辺ABの長さは何cmですか。

（10点）

(　　　　　)

②　角Aの大きさは何度ですか。

（10点）

(　　　　　)

③　2本の対角線をひきましょう。

（10点）

3 続きをかいて、ひし形をしあげましょう。 (10点)

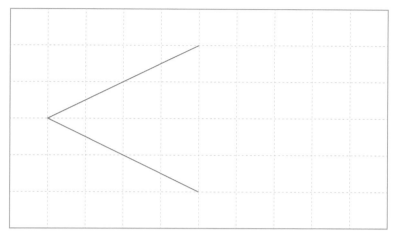

4 平行四辺形を完成させましょう。 (15点)

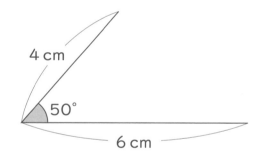

5 図のようにはばの等しい2本の長方形のテープを重ねると、四角形アイウエができました。 (各10点)

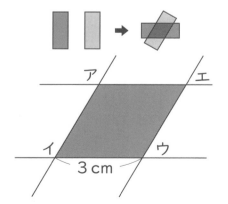

① 辺イウの長さが3cmのとき、辺アイの長さは何cmですか。

（　　　　　　）

② 四角形アイウエは何という四角形ですか。

（　　　　　　）

四角形

用意するもの…ものさし、三角じょうぎ、分度器、コンパス

1 次の特ちょうがいつもあてはまる四角形を □ からすべて選び、記号で書きましょう。

(完答各10点)

① 向かい合った2組の辺が平行な四角形

（　　　　　　　　　　　）

② 4つの辺の長さがすべて等しい四角形

（　　　　　　　　　　　）

③ 2本の対角線の長さが等しい四角形

（　　　　　　　　　　　）

④ 2本の対角線がそれぞれの真ん中の点で交わり、また垂直である四角形

（　　　　　　　　　　　）

あ 長方形　　い 正方形　　う 台形　　え 平行四辺形　　お ひし形

---

2 下の図のような平行四辺形をかきましょう。

(15点)

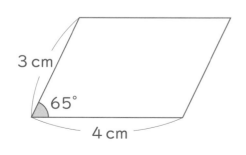

3cm
65°
4cm

❸ 下の図のようなひし形をかきましょう。 （15点）

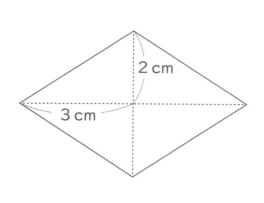

❹ 下の図のように、2つの円上に点Aから点Lがあります。
　次の4つの点を結んでできる四角形は、それぞれ何という四角
形ですか。 （各10点）

① 点A、F、D、C

（　　　　　　　　　）

② 点G、E、J、B

（　　　　　　　　　）

③ 点A、L、D、I

（　　　　　　　　　）

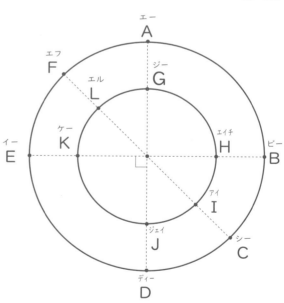

四角形

用意するもの…ものさし、三角じょうぎ、分度器、コンパス

1 ①～④の特ちょうがいつもあてはまる四角形の名前を □ から選んで書きましょう。

（完答各10点）

① 　向かい合った角の大きさが等しい

（　　　　　　　　　　　　　　　　　）

② 　4つの辺の長さが等しい

（　　　　　　　　　　　　　　　　　）

③ 　2本の対角線の長さが等しい

（　　　　　　　　　　　　　　　　　）

④ 　2本の対角線が直角に交わる

（　　　　　　　　　　　　　　　　　）

> 長方形　　正方形　　平行四辺形　　ひし形　　台形

2 下の図のような対角線を持つ四角形の名前を書きましょう。

（各5点）

①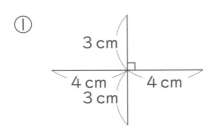

②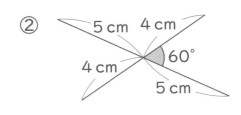

（　　　　　　　　）　（　　　　　　　　）

3 次の⑧〜⑩の四角形に、それぞれ１本だけ対角線をひきます。
あてはまるものをすべて選び、記号で答えましょう。　(完答各10点)

⑧	長方形	⑩	正方形	⑨	平行四辺形
⑩	ひし形	⑩	台形		

① ２つの二等辺三角形ができるのはどれですか。

（　　　　　　　　　　）

② 形も大きさも同じ２つの三角形ができるのはどれですか。

（　　　　　　　　　　）

4 下の図のような四角形をかきましょう。　(各10点)

① 平行四辺形

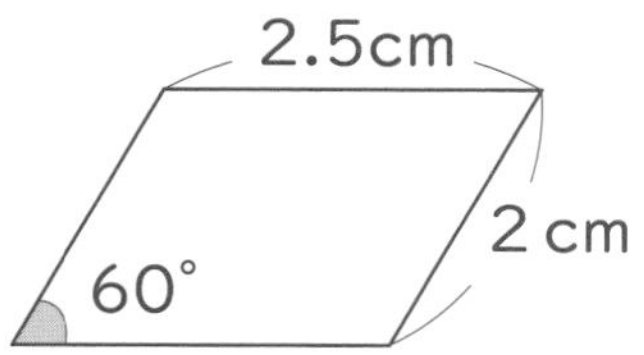

2.5cm
2cm
60°

② ひし形

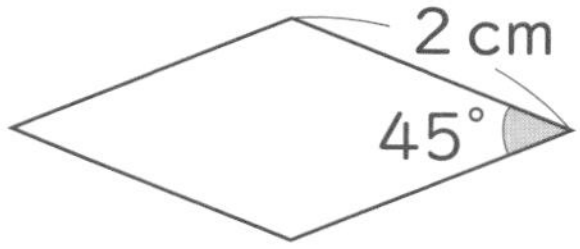

2cm
45°

③ 正方形

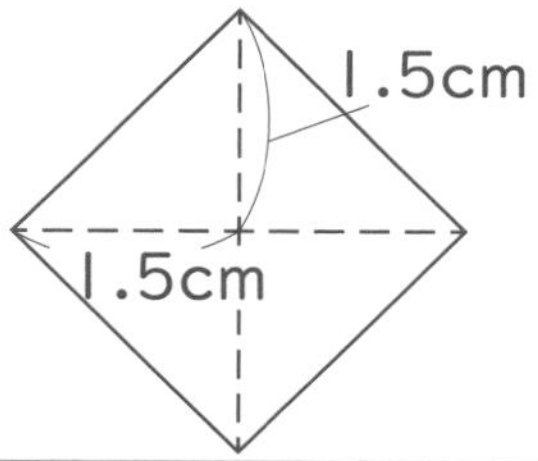

1.5cm
1.5cm

分数

 $\frac{5}{4}$ よりも大きい数のますをぬりつぶそう！

$\frac{3}{4}$	1	$\frac{2}{4}$	$1\frac{1}{4}$	$\frac{6}{4}$	1	$\frac{1}{4}$
$\frac{2}{4}$	$\frac{1}{4}$	$1\frac{1}{4}$	$1\frac{3}{4}$	$\frac{3}{4}$	$\frac{2}{4}$	$1\frac{1}{4}$
1	$\frac{4}{4}$	2	$\frac{1}{4}$	$\frac{4}{4}$	$\frac{3}{4}$	1
$\frac{1}{4}$	$1\frac{3}{4}$	1	$\frac{4}{4}$	$\frac{7}{4}$	$\frac{2}{4}$	$\frac{4}{4}$
$\frac{7}{4}$	3	$\frac{6}{4}$	$\frac{12}{4}$	$2\frac{1}{4}$	$2\frac{3}{4}$	2
$\frac{1}{4}$	$\frac{4}{4}$	$\frac{3}{4}$	$\frac{1}{4}$	2	$1\frac{1}{4}$	$\frac{1}{4}$
$1\frac{1}{4}$	1	$\frac{2}{4}$	1	$\frac{7}{4}$	$\frac{2}{4}$	$\frac{4}{4}$

$\frac{5}{4}$ は、帯分数にすると $1\frac{1}{4}$ だね。

$1\frac{1}{4}$ はぬらないよ。

出てきたのは…

2 暗号の手紙だよ。

計算して、ヒントの文字を入れて読んでみよう！

こんどの日曜日、

$$\frac{1}{5}+\frac{2}{5}$$
①
・
$$1\frac{1}{7}+1\frac{3}{7}$$
②
・
$$\frac{1}{3}+\frac{2}{3}$$
③

$$\frac{10}{7}-\frac{2}{7}$$
④
・
$$1\frac{3}{5}-\frac{2}{5}$$
⑤
パーティを

するから、来てね！

ヒント

$$\frac{8}{7} \quad 2 \quad 2\frac{4}{7} \quad \frac{3}{10} \quad \frac{3}{5} \quad 1 \quad \frac{1}{3} \quad 1\frac{1}{5}$$

| マ | ヤ | リ | ロ | ク | ス | ハ | ス |

分数の計算は、分母どうし、分子どうしを計算するんだったよね！

①	②	③	④	⑤

1 ◻ にあてはまる数や言葉を ┈ から選んで書きましょう。

(各5点)

分子が分母より小さい分数を真分数といいます。

たとえば、$\dfrac{①}{5}$ や $\dfrac{②}{3}$ などです。

$\dfrac{4}{4}$ や $\dfrac{8}{7}$ のような分数は ③ _____ といい、

$1\dfrac{1}{2}$ や $2\dfrac{3}{5}$ のような分数は ④ _____ といいます。

③は1と等しいか、1より ⑤ _____ 分数で、

④は1より大きい分数です。

仮分数　　大きい　　小さい　　3　　2　　帯分数

2 ◻ のかさを仮分数で表しましょう。

(各5点)

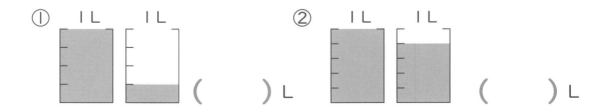

① 1L　1L　（　　）L

② 1L　1L　（　　）L

❸ 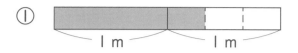 の長さを帯分数で表しましょう。 (各5点)

① ( ) m

② ( ) m

❹ 次の仮分数を帯分数か整数になおしましょう。 (各5点)

① $\dfrac{4}{3}$ ( )　② $\dfrac{14}{7}$ ( )　③ $\dfrac{13}{9}$ ( )

❺ 次の計算をしましょう。 (各5点)

① $\dfrac{2}{3} + \dfrac{2}{3}$

② $2\dfrac{1}{9} + 1\dfrac{4}{9}$

③ $3\dfrac{2}{7} + 1\dfrac{3}{7}$

④ $\dfrac{8}{5} - \dfrac{4}{5}$

⑤ $2\dfrac{5}{9} - 1\dfrac{4}{9}$

⑥ $\dfrac{13}{5} - \dfrac{4}{5}$

❻ オレンジジュースは $\dfrac{10}{7}$ L、りんごジュースは $\dfrac{4}{7}$ Lあります。
どちらが何L多いですか。 (式・答え各5点)

式

答え

分数

1 下の数直線を見て答えましょう。

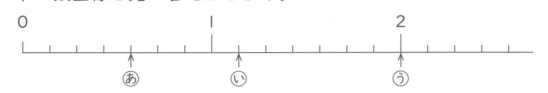

① あ〜うのめもりが表す数を分数で書きましょう。　（（ ）1つ5点）

あ （　　　　）　　　い （　　　　）　　　う （　　　　）

② $1\dfrac{5}{7}$ を表すめもりに↑を書きましょう。　（5点）

2 仮分数（かぶんすう）は帯分数（たいぶんすう）か整数に、帯分数は仮分数になおしましょう。

（各5点）

①　$\dfrac{19}{8}$　　　　　②　$\dfrac{14}{7}$　　　　　③　$\dfrac{29}{6}$

（　　　　）　　　　（　　　　）　　　　（　　　　）

④　$1\dfrac{2}{9}$　　　　　⑤　$5\dfrac{5}{9}$　　　　　⑥　$3\dfrac{1}{7}$

（　　　　）　　　　（　　　　）　　　　（　　　　）

❸ □にあてはまる不等号を書きましょう。　　　　　　　(各5点)

① $\dfrac{26}{5}$ □ $5\dfrac{2}{5}$

② $\dfrac{3}{7}$ □ $\dfrac{3}{5}$

❹ 次の計算をしましょう。　　　　　　　(各5点)

① $\dfrac{3}{9}+\dfrac{7}{9}$

② $4\dfrac{2}{7}+1\dfrac{4}{7}$

③ $\dfrac{4}{5}+2\dfrac{3}{5}$

④ $4\dfrac{2}{5}-3$

⑤ $3\dfrac{6}{7}-2\dfrac{4}{7}$

⑥ $3\dfrac{3}{9}-\dfrac{5}{9}$

❺ あやねさんの家から図書館まで3kmあります。

あやねさんは、家から図書館に向かって自転車で$\dfrac{7}{8}$km走りました。

図書館まで、あと何kmありますか。　　　　　　　(式・答え各5点)

式

答え _____

分数

1 次の長さを、帯分数と仮分数で表しましょう。 (各5点)

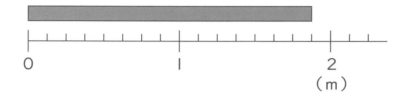

① 帯分数 （　　　　　　　）　② 仮分数 （　　　　　　　）

2 仮分数は帯分数か整数に、帯分数は仮分数になおしましょう。

(各5点)

① $\dfrac{27}{7}$　② $4\dfrac{4}{5}$　③ $\dfrac{48}{8}$　④ $5\dfrac{4}{7}$

（　　　　）（　　　　）（　　　　）（　　　　）

3 次の分数を大きい順に書きましょう。 (各5点)

① $2\dfrac{2}{7}$、$2\dfrac{5}{7}$、$1\dfrac{6}{7}$、$3\dfrac{3}{7}$、2

（　　　→　　　→　　　→　　　→　　　）

② $\dfrac{1}{6}$、$\dfrac{1}{10}$、$\dfrac{1}{7}$、$\dfrac{1}{3}$、$\dfrac{1}{5}$

（　　　→　　　→　　　→　　　→　　　）

★4 □ にあてはまる不等号を書きましょう。 (各5点)

① $\dfrac{29}{9}$ □ $3\dfrac{4}{9}$

② $6\dfrac{2}{3}$ □ $\dfrac{19}{3}$

★5 次の計算をしましょう。 (各5点)

① $1\dfrac{2}{7} + 2\dfrac{4}{7}$

② $3\dfrac{4}{5} + \dfrac{3}{5}$

③ $1\dfrac{5}{8} + \dfrac{3}{8}$

④ $2\dfrac{1}{3} - 1\dfrac{2}{3}$

⑤ $3\dfrac{5}{9} - \dfrac{7}{9}$

⑥ $3 - \dfrac{5}{6}$

★★6 青いリボンが $\dfrac{3}{5}$ m、赤いリボンが $1\dfrac{2}{5}$ mあります。 (式・答え各5点)

① 長さのちがいは何mですか。

式

答え _____

② あわせると何mになりますか。

式

答え _____

変わり方

月　　日　名前

👑 数字が、ある「きまり」でならんでいるよ。
　　 □ にあてはまる数を書こう。

① 2 — □ — 6 — 8 — □ — □

② 3 — 5 — □ — □ — 11 — □

③ 30 — □ — 60 — □ — □ — 105

④ 27 — 24 — 21 — □ — □ — 12

⑤ 1 — 2 — □ — 7 — □ — 16

いくつずつ、ふえたりへったりしているかな？
変わり方のきまりを見つけよう！

2 変わり方を、それぞれ表と式にしたよ。

① 表と式があうように線で結ぼう。

10さい差の弟と姉の年れい

あ ●

弟（さい）□	1	2	3	4
姉（さい）△	11	12	13	14

● 10×□＝△

1こ10円のおかしの数と代金

い ●

おかしの数（こ）□	1	2	3	4
代金（円）△	10	20	30	40

● □＋△＝10

まわりの長さが20cmの長方形のたてと横の長さ

う ●

たて（cm）□	1	2	3	4
横（cm）△	9	8	7	6

● □＋10＝△

② は、①を下のように考えたよ。

どのように考えたのか、☐ にあてはまる数を書こう。

> あとうは、一方が1ふえると、もう一方も
>
> ☐ ずつふえたりへったりするな。
>
> いは、一方が2倍、3倍、…になると、
>
> もう一方も ☐ 倍、 ☐ 倍、…になっているな。

変わり方

1　１辺が１cmの正三角形のあつ紙を、１列にならべます。

①　正三角形が１このとき、まわりの
　　長さは何cmですか。　(10点)

（　　　　　　）

②　正三角形が２このとき、まわりの
　　長さは何cmですか。　(10点)

（　　　　　　）

③　正三角形の数とまわりの数を、表にまとめます。
　　あいているところに数を書きましょう。　(□１つ2点)

正三角形の数（こ）	1	2	3	4	5	6	
まわりの長さ（cm）	3						

④　正三角形の数を□こ、まわりの長さを〇cmとして、□と〇の
　　関係を式に表しましょう。　(10点)

式

⑤　正三角形の数が20このとき、まわりの長さは何cmになりま
　　すか。　(式・答え各5点)

式

答え

2 次の□と○の関係を表している式で、正しい方に○をつけましょう。

（各10点）

① 1日の昼の長さ□時間と夜の長さ○時間

　あ（　　　）□＋12＝○

　い（　　　）□＋○＝24

② 15このあめを、あみさんに□こ、妹に○こ分ける

　あ（　　　）15－□＝○

　い（　　　）○－□＝15

③ 100円玉で、□円の消しゴムを買ったときのおつり○円

　あ（　　　）100＋□＝○

　い（　　　）100－□＝○

④ 10まいのクッキーのうち、□まい食べたときの残りのまい数○まい

　あ（　　　）10－□＝○

　い（　　　）10＋○＝□

⑤ 24人を、どのグループも□人ずつになるように分けたときのグループの数○こ

　あ（　　　）○÷24＝□

　い（　　　）24÷□＝○

予想とくてん…　　　　点　　99

変わり方

月　　　日　　名前　　　　　　　　　　　　　　　　　　　／100点

１ １辺の長さが１cmの正三角形をならべて、図のような大きな正三角形をつくります。

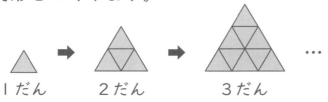

１だん　　　　２だん　　　　　３だん　　…

① 表のあいているところに数を書きましょう。 （完答10点）

だんの数（だん）	1	2	3	4	5	6
まわりの長さ（cm）	3	6	9			

② だんの数が８だんのとき、まわりの長さは何cmですか。 （10点）

（　　　　　　　　）

③ だんの数を□だん、まわりの長さを○cmとして、□と○の関係を式に表しましょう。 （10点）

式

④ だんの数が15だんのとき、まわりの長さは何cmですか。

（式・答え各10点）

式

答え _____

2

たての長さが１cm、横の長さが６cmの長方形があります。

たての長さを２cm、３cm、…と長くしていくと、面積がどのように変わるかを調べます。

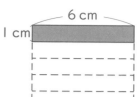

① 表のあいているところに数を書きましょう。

（完答10点）

たての長さ（cm）	1	2	3	4	5	
面積（cm²）	6	12				

② たての長さを□cm、面積を○cm²として、□と○の関係を式に表しましょう。

（10点）

式

③ 面積が48cm²になるのは、たての長さが何cmのときですか。

（式・答え各10点）

式

答え _____

3

１こ80円のおかしを□こ買ったときの代金○円の関係を表している式は、あ〜おのうちどれですか。あてはまるものをすべて選び記号で答えましょう。

（完答10点）

あ 80＋□＝○   い 80－□＝○

う 80×□＝○   え 80÷□＝○

お ○÷80＝□   (   )

面積

月　　日　名前

👑 面積（めんせき）が24cm²になるところを通ってゴールまで行こう！

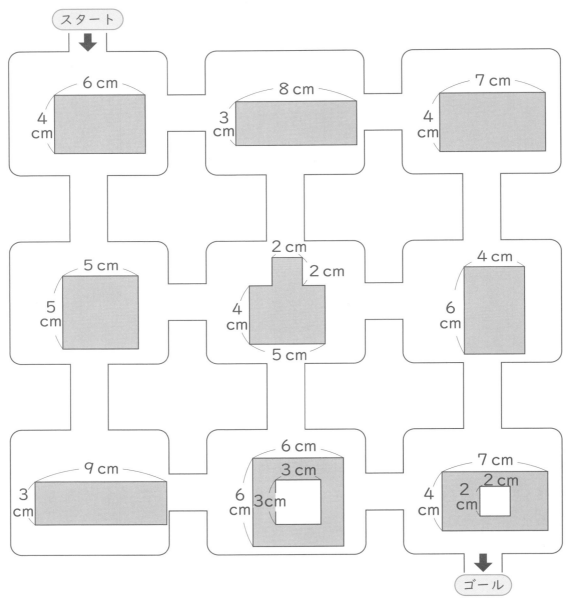

2 いろいろな広さの形があるよ。面積がせまい順（じゅん）に記号を読むと、どんな言葉になるかな？

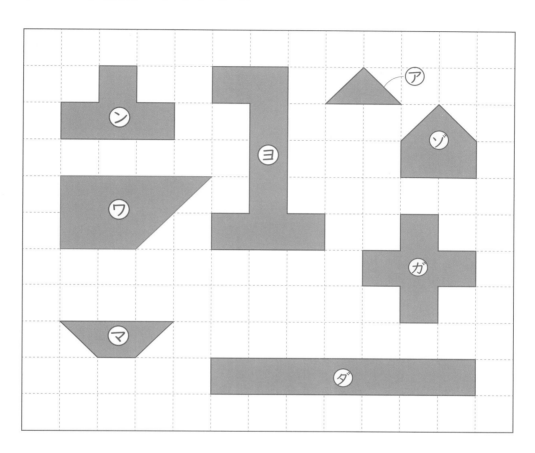

 は  が２つ分だから１ますだね。

 せまい順に読むと、川の広さを表す「流いき面積」が世界ナンバーワンの川の名前が出てくるよ！

面積

月　日　名前　　　　　　　　　／100点

★
1 次の面積を求めましょう。　（式・答え各5点）

①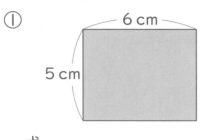

式

答え _____

②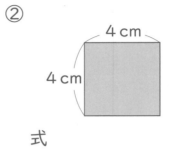

式

答え _____

③　たてが6m、横が8mの土地

式

答え _____

★
2 （　）にあてはまる数を ⬜ から選んで書きましょう。（2回使うものもあります）　（各5点）

①　1 m² = （　　　　　　　） cm²

②　1 a = （　　　　　　　） m²

③　1 ha = （　　　　　　　） m²

④　1 km² = （　　　　　　　） m²

100　　10000　　1000000

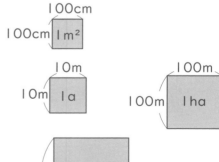

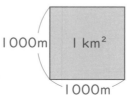

3 面積が20cm²で、横の長さが5cmの長方形をかくには、たての長さを何cmにすればよいですか。 (式・答え各5点)

式

答え _____

5 cm
□cm   20cm²

4 まわりの長さが40mの正方形の土地があります。 (式・答え各5点)

① 1辺の長さは何mですか。

式

□m

答え _____

② この正方形の面積を求めましょう。

式

答え _____

5 次のような形の面積を求めましょう。 (式・答え各10点)

式

答え _____

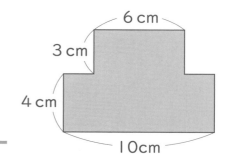

6 cm
3 cm
4 cm
10cm

面積

用意するもの…ものさし

1 次の長方形や正方形の面積を求めましょう。 (式・答え各5点)

①　たてが9m、横が6mの長方形

式

答え＿＿＿＿＿＿＿＿＿＿＿＿

②　1辺が20cmの正方形

式

答え＿＿＿＿＿＿＿＿＿＿＿＿

③　たてが4km、横が7kmの長方形の土地

式

答え＿＿＿＿＿＿＿＿＿＿＿＿

2 （　）にあてはまる数や面積の単位を書きましょう。 (各5点)

①　1m² ＝ （　　　　　　　　）cm²

②　1辺が10mの正方形の面積

　　100m² ＝ 1 （　　　　　　）

③　1辺が100mの正方形の面積

　　10000m² ＝ 1 （　　　　　）

④　1km² ＝ （　　　　　　　　）m²

3 下の長方形の辺の長さをはかり、面積を求めましょう。

 式

答え _____

4 面積が30cm²で、横の長さが6cmの長方形があります。
たての長さは何cmですか。

式

答え _____

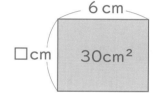

5 まわりの長さが24mの正方形の面積を求めましょう。

式

答え _____

6 次のような形の面積を求めましょう。

式

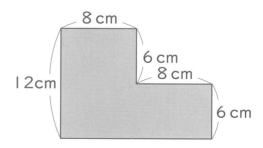

答え _____

面積

1 （　）にあてはまる数を書きましょう。 （各5点）

①　1m² ＝（　　　　　　　　）cm²

②　1a　＝（　　　　　　　　）m²

③　1ha ＝（　　　　　　　　）m²

④　1km²＝（　　　　　　　　）m²

2 次の面積を求めましょう。 （式・答え各5点）

①　1辺が3kmの正方形の土地

　式

　　　　　　　　　　　　答え _____

②　たて80cm、横2mの長方形の花だん

　式

　　　　　　　　　　　　答え _____

3 たて30m、横20mの長方形の土地の面積は何m²ですか。また、何aですか。 （式5点、答え各5点）

　式

　　　　　　答え（　　　　　）m²、（　　　　　）a

4 まわりの長さが30cmで、たての長さが6cmの長方形があります。

① 横の長さは何cmですか。 (5点) （　　　　　　）

② 面積を求めましょう。 (式・答え各5点)

式

答え _____

5 下のような形の面積を次の式で求めました。
どのように考えたのか、図に──（線）をかき入れましょう。

(10点)

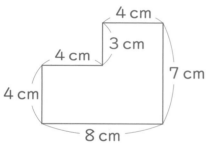

$$3 \times 4 + 4 \times 8 = 44$$

6 次のような形の面積を求めましょう。 (式・答え各5点)

① 式

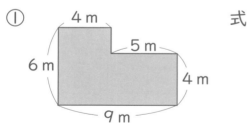

答え _____

② 式

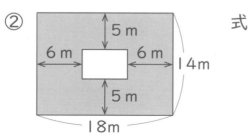

答え _____

小数のかけ算

月　　日　名前

 計算して、答えが小さい順（じゅん）に文字を読んでみよう。

注意！　数字を書く位置（いち）をまちがえているものもまじっているよ。
まちがえているものには、記号に×をしよう！

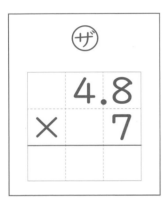

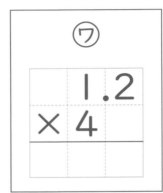

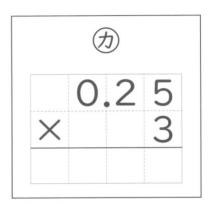

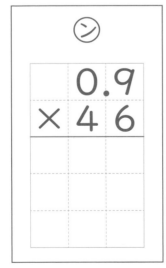

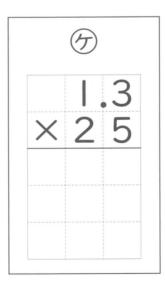

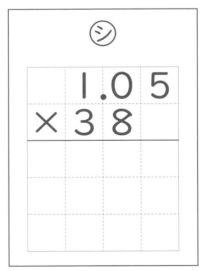

出てきた言葉　〇〇〇〇

積^{せき}が、より大きい方に進んでゴールまで行こう！

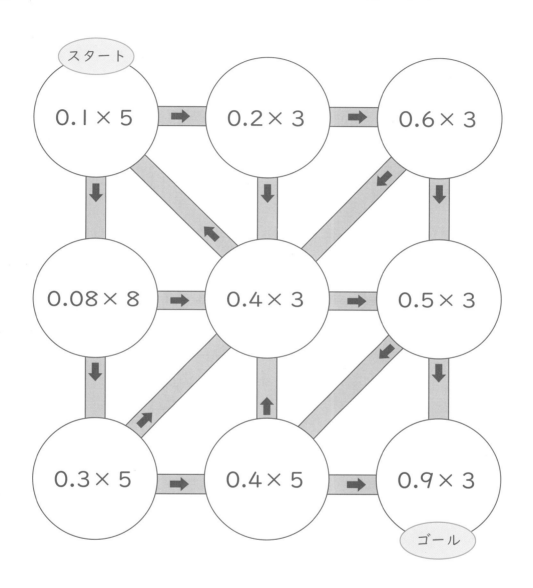

➡の方向に注意してね。

小数のかけ算

1 次の計算をしましょう。　(各5点)

①
```
  0.3
× 　8
──────
```

②
```
  1.7
× 　6
──────
```

③
```
  2.4
× 　5
──────
```

④
```
 12.5
× 　8
──────
```

⑤
```
 3.06
× 　3
──────
```

⑥
```
  0.8
× 40
──────
```

⑦
```
  1.7
× 42
──────
```

⑧
```
 32.8
× 50
──────
```

⑨
```
 3.26
× 34
──────
```

⑩
```
 2.09
× 37
──────
```

112

2 64×3＝192をもとに、次の積を書きましょう。 (各10点)

① 6.4×3   ② 0.64×3

3 1こ2.6kgの荷物が8こあります。
荷物は全部で何kgですか。

(式・答え各5点)

式

答え _____

4 1Lのガソリンで16.2km走る自動車があります。
7Lのガソリンでは何km走れますか。

(式・答え各5点)

式

答え _____

5 工作で1人長さ1.58mのテープを使います。
14人では、何mのテープがいりますか。

(式・答え各5点)

式

答え _____

小数のかけ算

月　日　名前　　　　　　　　　　　　　　　　/100点

1 次の計算をしましょう。 (各5点)

```
①    1.7        ②    2.6        ③   14.7
   ×    8           ×    5           ×    4
```

```
④    1.25       ⑤    35.9
   ×     8          ×    70
```

```
⑥    6.4        ⑦   0.76       ⑧   4.26
   × 23            ×   32           ×   56
```

2 次の計算をしましょう。 (10点)

$(4.52 - 2.4) \times 3$

3 １ｍの重さが2.06kgのパイプがあります。
このパイプ18mの重さは何kgですか。

式

答え _____

4 赤いテープの長さは1.42mです。青いテープの長さは赤い
テープの８倍です。青いテープの長さは何mですか。 （式・答え各10点）

式

答え _____

5 重さが１こ6.54kgの荷物があります。
この荷物17こ分の重さは何kgですか。

（式・答え各10点）

式

答え _____

小数のかけ算

| 月 | 日 | 名前 | | /100点 |

1 次の計算をしましょう。　　　　　　　　　　　　　（各5点）

```
①   4.7      ②   8.5      ③   5.9 3
  ×    3        ×    6        ×      4
```

```
④   1.8      ⑤   6 3.4     ⑥   7.0 4
  × 3 9        ×     5 2       ×     6 5
```

2 次の計算をしましょう。　　　　　　　　　　　　（各10点）

① 3.27×408

② 0.4+21.6×5

答え（　　　　　　　　）

116

❸ 1.58 × 6 の計算のしかたを考えます。 ◻ にあてはまる数を書きましょう。 (各5点)

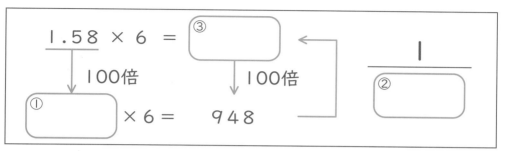

1.58を100倍して、158×6をします。

1.58×6の積_{せき}は158×6の積の $\dfrac{1}{100}$ なので、948を

④ ◻ でわります。

❹ 長さ3.8mのリボンを20本つくります。
リボンは全部で何mいりますか。 (式・答え各5点)

式

答え _____

❺ 1こ0.45kgのかんづめがあります。このかんづめ12こ分の重さは何kgですか。 (式・答え各5点)

式

答え _____

❻ 赤いテープは青いテープの6倍の長さで、青いテープは1.08mです。赤いテープは何mですか。 (式・答え各5点)

式

答え _____

小数のわり算

月　　日　名前

次の問題は、かけ算かな？わり算かな？
かけ算には「か」、わり算には「わ」と書こう！

① （　　） たて21.5m、横18mの長方形の畑の面積_{めんせき}を求_{もと}めましょう。

② （　　） 3.5mのひもを同じ長さに切って５人で分けます。１人分の長さは何mですか。

③ （　　） 水が7.2Lあります。６人で等分すると、１人分は何Lになりますか。

④ （　　） １こ0.58kgのかんづめがあります。このかんづめ６こ分の重さは何kgですか。

⑤ （　　） 0.9Lのジュースを３人で分けます。１人分は何Lですか。

 で「わ」と書いた問題をといて、答えが小さい順にヒントの文字をならべよう。どんな言葉が出てくるかな？

★計算スペース★

ヒント

① → ウ   ② → カ   ③ → メ

④ → ム   ⑤ → オ

小さい順にならべると、ぼくの正体が明らかに…！

答え ◯◯◯ インコだよ。

小数のわり算

★ **1** 次の計算をしましょう。

(各5点)

①
$6\overline{)9.6}$

②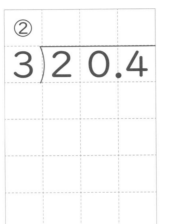
$3\overline{)20.4}$

③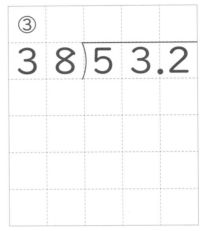
$38\overline{)53.2}$

④
$7\overline{)5.6}$

⑤
$16\overline{)9.6}$

⑥
$48\overline{)2.88}$

⑦
$6\overline{)73.8}$

⑧
$6\overline{)9.42}$

2 商は一の位まで計算し、あまりも求めましょう。　　　（各10点）

①

$$5 \overline{)67.3}$$

②

$$23 \overline{)50.2}$$

3 わり切れるまで計算しましょう。　　　（各10点）

①

$$8 \overline{)42}$$

②

$$25 \overline{)6}$$

4 74.3÷9の商を四捨五入して、上から2けたのがい数で表しましょう。

（筆算、答え各10点）

答え（　　　　　　　　　　）

小数のわり算

⭐ 次の計算をしましょう。 (各5点)

① 4)7.2

② 8)34.4

③ 22)48.4

④ 9)5.4

⑤ 7)0.63

⑥ 57)39.9

⑦ 68)74.8

⑧ 38)0.912

2 8.37÷37の商を四捨五入して、
上から2けたのがい数で表しましょう。

(筆算・答え各10点)

答え（　　　　　　　）

3 82.4kgの米を5kgずつふくろに入れ
ます。何ふくろできて何kgあまりますか。

(式・答え各10点)

式

答え

4 図かんのねだんは2000円で、絵本の
ねだんは800円です。図かんのねだんは
絵本のねだんの何倍ですか。

(式・答え各10点)

式

答え

予想とくてん… 点

小数のわり算

月　　　日　　名前　　　　　　　　　　　　　　　　　　　　　　／100点

1 48 ÷ 6 ＝ 8 をもとにして、次の商を求めましょう。　　(各5点)

①　4.8 ÷ 6　　　　　　　　　　　　　　（　　　　　　　）

②　0.48 ÷ 6　　　　　　　　　　　　　　（　　　　　　　）

2 わり切れるまで計算しましょう。　　(各10点)

①
$$5 \overline{)0.8}$$

②
$$42 \overline{)96.6}$$

3 商は四捨五入して、$\frac{1}{10}$ の位までのがい数で表しましょう。

(筆算・答え各5点)

$$34 \overline{)29}$$

答え（　　　　　　　）

124

4 商は一の位まで計算し、あまりも求めましょう。
また、けん算もしましょう。

（筆算・けん算各10点）

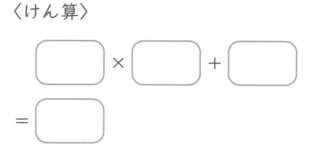

〈けん算〉

$$\boxed{} \times \boxed{} + \boxed{}$$

$$= \boxed{}$$

$$17)\overline{59.6}$$

5 あやさんの妹の体重は22kg、あやさんの体重は31.9kgです。あやさんの体重は妹の体重の何倍ですか。 （式・答え各10点）

式

答え _____

6 6人で2L6dLのジュースを等分すると、1人分は何Lですか。上から2けたのがい数で表しましょう。 （式・答え各10点）

式

答え _____

小数のかけ算とわり算

★ 次の計算をしましょう。（わり算はわり切れるまで計算しましょう）

(各5点)

①
```
  1.3
× 5
```

②
```
  2.5
× 4
```

③
```
  3.16
×   27
```

④ 3)8.4

⑤ 17)47.6

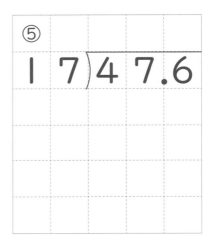

⑥ 5)9.8

⑦ 8)6.8

⑧ 53)21.2

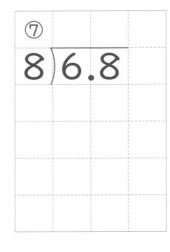

2 次の計算をしましょう。 (各5点)

① 0.4 × 7 = ⬜

② 5.6 ÷ 8 = ⬜

3 商は一の位^{くらい}まで計算し、あまりも求^{もと}めましょう。 (各5点)

①

$$2\overline{)5.7}$$

②

$$28\overline{)72.5}$$

4 計算のしかたについて、⬜にあてはまる数を書きましょう。

(⬜1つ5点)

① 0.3×6

0.3は、0.1を ⓐ⬜ こ集めた数だから、

0.3×6は、0.1が3× ⓘ⬜ = ⓤ⬜ こ分。

0.3×6 = ⓔ⬜

② 8.4÷6

8.4は、0.1を ⓐ⬜ こ集めた数だから、

8.4÷6は、0.1が

ⓘ⬜ ÷6= ⓤ⬜ こ分。

8.4÷6 = ⓔ⬜

小数のかけ算とわり算

月　　日　　名前　　　　　　　　　　　　　　　　　　　/100点

1 34×3＝102です。□に数を書きましょう。　（各10点）

① 3.4×3 = ☐　　　　② 0.34×3 = ☐

2 次のかけ算をしましょう。　（各5点）

①
```
  2.4
×   8
```

②
```
  6.7 2
×     5
```

③
```
  3.9
× 1 7
```

④
```
  6 3.4
×   3 1
```

⑤
```
  7.0 5
×   6 4
```

3 わり切れるまで計算しましょう。　（各5点）

① 6)5 8.8

② 5)0.6

③ 2 7)7 2.9

4 商は $\frac{1}{10}$ の位まで計算し、あまりも求めましょう。　(各5点)

①
$$4\overline{)9.3}$$

②
$$23\overline{)68.2}$$

5 長さが1.6mのテープを40本使います。
テープは全部で何mいりますか。　(式・答え各5点)

式

答え _____

6 赤のテープは2m、青のテープは4m、黄の
テープは9mです。黄のテープの長さは、赤の
テープの長さの何倍ですか。　(式・答え各5点)

式

答え _____

7 41.7mのリボンを6mずつ切ると、6mのリ
ボンは何本できて何mあまりますか。　(式・答え各5点)

式

答え _____

まちがったことを言っているのはだれかな？

くま

正方形だけでかこまれた形を、立方体というよ。

たぬき

長方形と正方形でかこまれた形も直方体だよ。

うさぎ

直方体と立方体は、どちらも面が6つ、辺は12本、頂点は8こだよ。

りす

立方体の展開図は、100種類以上あるよ。

きつね

直方体の形と大きさは、たて、横、高さの3つの辺の長さで決まるよ。

答え（　　　　　　　　　）

👑**2** 直方体の仲間と立方体の仲間に分けよう！
あてはまらないものもあるよ。

あ

い

う

え

お

か

き

く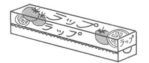

立方体のものって、意外と少ないんだなぁ。

直方体の仲間 （　　　　　　　　　　　　）

立方体の仲間 （　　　　　　　　　　　　）

直方体と立方体

用意するもの…ものさし

1 次の立体について答えましょう。

(各5点※④は完答)

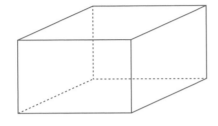

㋐

㋑

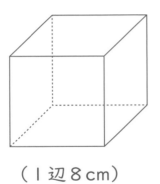

（１辺８cm）

① ㋐の立体の名前を書きましょう。

（　　　　　　　）

② ㋐の面はいくつありますか。

（　　　　　　　）

③ ㋑の立体の名前を書きましょう。

（　　　　　　　）

④ 辺と頂点の数を書きましょう。

辺（　　　　　）

頂点（　　　　　）

2 次の直方体について答えましょう。

(各10点)

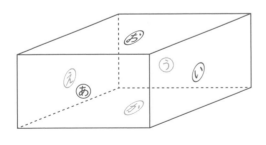

① 面㋕に平行な面はどれですか。

（　　　　　　　）

② 面㋐に垂直な面はいくつありますか。

（　　　　　　　）

132

3 下の図の続きをかいて、見取図を完成させましょう。 （各10点）

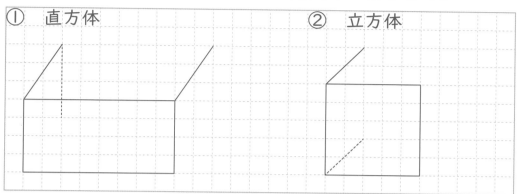

① 直方体   ② 立方体

4 直方体の面と辺の関係を調べます。 （各10点）

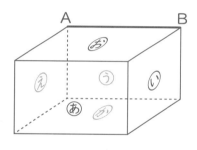

① 面㋐に垂直な辺は何本ありますか。

（　　　　　）

② 面㋐と辺ABはどのような関係であるといえますか。

（　　　　　）

5 組み立てると立方体になる展開図を２つ選び○をつけましょう。

（○1つ10点）

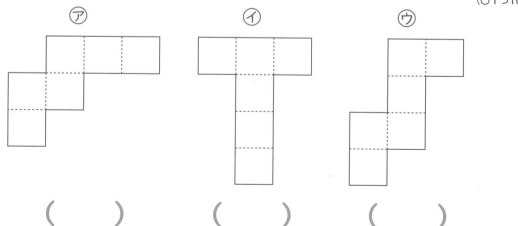

㋐　　　　　　　㋑　　　　　　　㋒

（　　）　　　　（　　）　　　　（　　）

直方体と立方体

月　日　名前　　　　　　　　　　　　　　　　　　／100点

用意するもの…ものさし

1 下の図の続きをかいて、見取図を完成させましょう。　（各10点）

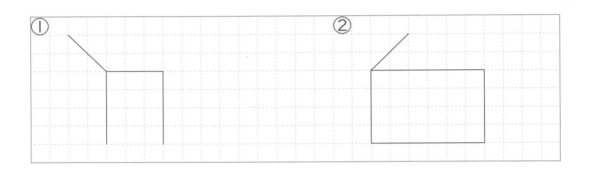

2 次の直方体について答えましょう。　（完答各10点）

① 面おに平行な面はどれですか。

（　　　　　　　）

② 面おに垂直な辺を全部書きましょう。

（　　　　　　　　　　　　　　　）

③ 辺ABに平行な辺を全部書きましょう。

（　　　　　　　　　　　　　　　）

❸ 図のような直方体があります。この立体の展開図の続きをかきましょう。 (10点)

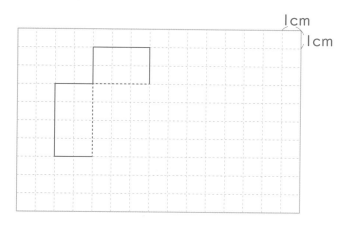

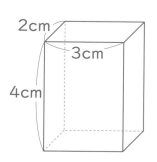

❹ 直方体の展開図を組み立てます。 (各10点※③は完答)

① 辺キクと重なる辺を書きましょう。

（　　　　　）

② 辺ウエと重なる辺を書きましょう。

（　　　　　）

③ 点ウと重なる点を２つ書きましょう。

（　　　　　）（　　　　　）

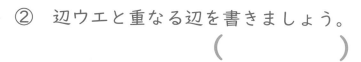

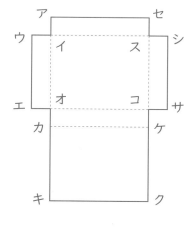

❺ 下の図で、頂点イの位置は、点あをもとにして（横12cm、たて０cm、高さ０cm）と表すことができます。

頂点ウの位置を表しましょう。 (完答10点)

（横 ☐ cm、たて ☐ cm、

高さ ☐ cm）

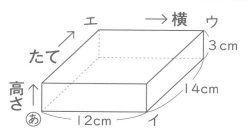

用意するもの…ものさし

⭐**1** 次の直方体について答えましょう。

（（ ）1つ5点 ※②・③・④は完答）

① 面、辺、頂点の数を書きましょう。

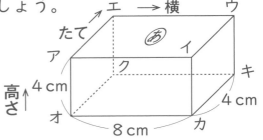

面　（　　　　　）

辺　（　　　　　）

頂点（　　　　　）

② 面あに垂直な辺はどれですか。全部書きましょう。

（　　　　　　　　　　　　　　　　　　　）

③ 頂点イを通って、辺イカに垂直な辺を全部書きましょう。

（　　　　　　　　　　　　　　　　　　　）

④ 頂点オをもとにして、頂点イの位置を表しましょう。

（横 ⬜ cm、たて ⬜ cm、高さ ⬜ cm）

⭐**2** 下の図のような直方体があります。この立体の見取図の続きをかきましょう。（見えない辺は点線（……）でかきましょう）（10点）

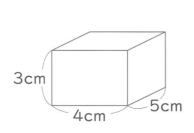

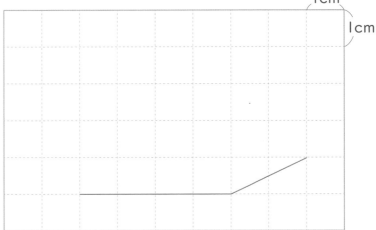

3 次の展開図を組み立てます。

(( ) 1つ10点 ※③・④は完答)

① 組み立ててできる立体の名前を
書きましょう。
( )

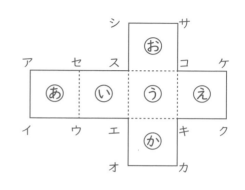

② 点イと重なる点を2つ書きましょう。
( )( )

③ 面えと垂直になる面を全部書きましょう。
( )

④ 辺ケクと平行になる辺を全部書きましょう。
( )

4 図のようなあつ紙が何まいかずつあります。あのあつ紙を2まい使った直方体の箱を作るためには、い〜えのどのあつ紙が何まいあればよいですか。

(完答10点)

( )

あ 10cm / 6cm

い 12cm / 6cm

う 8cm / 12cm

え 12cm / 10cm

4年生のまとめ　①

月　　　日

名前

/100点

用意するもの…分度器

1 次の数を数字で書きましょう。 (各10点)

① 1億を370こ集めた数

(　　　　　　　　　　　　　　　　)

② 1兆を3こ、100億を28こあわせた数

(　　　　　　　　　　　　　　　　)

2 次の計算を筆算でしましょう。（商は整数で求め、あまりも出しましょう） (各5点)

① $4\overline{)95}$

② $6\overline{)808}$

③ $4\overline{)682}$

④ $3\overline{)623}$

⑤ $13.5 + 0.78$

⑥ $6 - 0.17$

138

3 ネコとイヌの好ききらい調べをしました。　　　　　　（各10点）

① ネコとイヌのどちらも
好きな人は何人ですか。
（　　　　　　　）

② ネコが好きな人は、全
部で何人ですか。
（　　　　　　　）

		ネコ		合計
		好き	きらい	
イヌ	好き	17	4	21
	きらい	9	3	12
	合計	26	7	33

4 次の量を、（　）の中の単位を使って表しましょう。　（各5点）

① 3105m　（km）　（　　　　　　　　　　）

② 2kg43g（kg）　（　　　　　　　　　　）

5 分度器を使って、次の角度をはかりましょう。　　　（各5点）

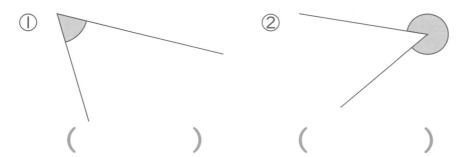

① （　　　　　　　）　　② （　　　　　　　）

6 240ページの本を１日に７ページずつ読むと、
読み終わるのに何日かかりますか。　（式・答え各5点）

式

答え _____

4年生のまとめ ②

用意するもの…三角じょうぎ

1 次の計算を筆算でしましょう。（商は整数で求め、あまりも出しましょう）

(各5点)

① 78÷14　　② 883÷43　　③ 826÷34

2 次の計算をしましょう。

(各5点)

① 3×（7－3）÷2　　② 49－42÷7

3 9845261を四捨五入して、次のようながい数にしましょう。

(各10点)

① 一万の位までのがい数　　（　　　　　　　　）

② 上から2けたのがい数　　（　　　　　　　　）

4 次の図で平行になっている直線の組と垂直(すいちょく)になっている直線の組を記号で書きましょう。 （各10点）

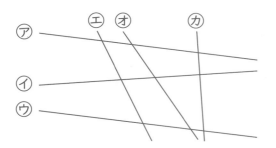

平行…（　　と　　）

垂直…（　　と　　）

5 $2\frac{2}{9}$ mのテープと $\frac{7}{9}$ mのテープがあります。

長さのちがいは何mですか。 （式・答え各5点）

式

答え _____

6 正方形の1辺(ぺん)の長さとまわりの長さの関係(かんけい)を調べます。

① 表を完成(かんせい)させましょう。 （□1つ2点）

1辺の長さ（cm）	1	2	3	4	5	6	
まわりの長さ（cm）	4						

② 1辺の長さを□、まわりの長さを○で表します。1辺の長さとまわりの長さの関係を表す式をかきましょう。 （5点）

式

③ 1辺の長さが9cmのとき、まわりの長さは何cmですか。 （式・答え各5点）

式

答え _____

月　　　日　　名前　　　　　　　　　　　　　　　　　　／100点

１ 次の計算をしましょう。　　　　　　　　　　　　　　（各5点）

① 　１２.６
　×　　　４

② 　３.５
　×　　８

③ 　５８.６
　×　　７０

④ 　２.９
　×３７

⑤ ０.７４
　×　２５

２ 次の計算を筆算でしましょう。　　　　　　　　　　　（各10点）

① 商は一の位まで計算し、あまりも求めましょう。

２６)７４.９

② わり切れるまで計算しましょう。

７２)５.４

3 図のような土地の面積は何m²ですか。また、何aですか。

(式5点・答え各5点)

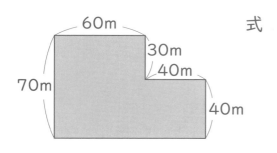

式

答え _____ m²

_____ a

4 1ふくろ14.72kgの米が15ふくろあります。米は何kgありますか。

(式・答え各5点)

式

答え _____

5 下の立体は、長方形だけでかこまれた形です。

(各10点)

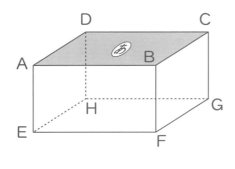

① 何という形ですか。

( )

② 頂点Bを通って、辺BFに垂直な辺を全部書きましょう。

( )

③ 面あに垂直な辺を全部書きましょう。

( )

学力の基礎をきたえどの子も伸ばす研究会

HPアドレス　http://gakuryoku.info/

常任委員長　岸本ひとみ
事務局　〒675-0032 加古川市加古川町備後 178-1-2-102 岸本ひとみ方　☎・Fax 0794-26-5133

① めざすもの

　私たちは、すべての子どもたちが、日本国憲法と子どもの権利条約の精神に基づき、確かな学力の形成を通して豊かな人格の発達が保障され、民主平和の日本の主権者として成長することを願っています。しかし、発達の基盤ともいうべき学力の基礎を鍛えられないまま落ちこぼれている子どもたちが普遍化し、「荒れ」の情況があちこちで出てきています。

　私たちは、「見える学力、見えない学力」を共に養うこと、すなわち、基礎の学習をやり遂げさせることと、読書やいろいろな体験を積むことを通して、子どもたちが「自信と誇りとやる気」を持てるようになると考えています。

　私たちは、人格の発達が歪められている情況の中で、それを克服し、子どもたちが豊かに成長するような実践に挑戦します。

　そのために、つぎのような研究と活動を進めていきます。

　　① 「読み・書き・計算」を基軸とした学力の基礎をきたえる実践の創造と普及。
　　② 豊かで確かな学力づくりと子どもを励ます指導と評価の探究。
　　③ 特別な力量や経験がなくても、その気になれば「いつでも・どこでも・だれでも」ができる実践の普及。
　　④ 子どもの発達を軸とした父母・国民・他の民間教育団体との協力、共同。

　私たちの実践が、大多数の教職員や父母・国民の方々に支持され、大きな教育運動になるよう地道な努力を継続していきます。

② 会　　員

・本会の「めざすもの」を認め、会費を納入する人は、会員になることができる。
・会費は、年4000円とし、7月末までに納入すること。①または②

①郵便振替　口座番号　00920-9-319769 　名　称　学力の基礎をきたえどの子も伸ばす研究会	②ゆうちょ銀行 　店番099　店名〇九九店　当座0319769

・特典　研究会をする場合、講師派遣の補助を受けることができる。
　　　　大会参加費の割引を受けることができる。
　　　　学力研ニュース、研究会などの案内を無料で送付してもらうことができる。
　　　　自分の実践を学力研ニュースなどに発表することができる。
　　　　研究の部会を作り、会場費などの補助を受けることができる。
　　　　地域サークルを作り、会場費の補助を受けることができる。

③ 活　　動

全国家庭塾連絡会と協力して以下の活動を行う。

・全 国 大 会　全国の研究、実践の交流、深化をはかる場とし、年1回開催する。通常、夏に行う。
・地域別集会　地域の研究、実践の交流、深化をはかる場とし、年1回開催する。
・合宿研究会　研究、実践をさらに深化するために行う。
・地域サークル　日常の研究、実践の交流、深化の場であり、本会の基本活動である。
　　　　　　　可能な限り月1回の月例会を行う。
・全国キャラバン　地域の要請に基づいて講師派遣をする。

全 国 家 庭 塾 連 絡 会

① めざすもの

　私たちは、日本国憲法と教育基本法の精神に基づき、すべての子どもたちが確かな学力と豊かな人格を身につけて、わが国の主権者として成長することを願っています。しかし、わが子も含めて、能力があるにもかかわらず、必要な学力が身につかないままになっている子どもたちがたくさんいることに心を痛めています。

　私たちは学力研が追究している教育活動に学びながら、「全国家庭塾連絡会」を結成しました。

　この会は、わが子に家庭学習の習慣化を促すことを主な活動内容とする家庭塾運動の交流及び普及を目的としています。

　私たちの試みが、多くの父母や教職員、市民の方々に支持され、地域に根ざした大きな運動になるよう学力研と連携しながら努力を継続していきます。

② 会　　員

本会の「めざすもの」を認め、会費を納入する人は会員になれる。
会費は年額1500円とし（団体加入は年額3000円）、8月末までに納入する。
会員は会報や連絡交流会の案内、学力研集会の情報などをもらえる。

事務局　〒564-0041 大阪府吹田市泉町4-29-13 影浦邦子方　☎・Fax 06-6380-0420
郵便振替　口座番号　00900-1-109969　　名称　全国家庭塾連絡会

テスト式！点数アップドリル 算数 小学4年生

2024年7月10日　第1刷発行
●著者／図書　啓展
●編集／金井　敬之
●発行者／面屋　洋
●発行所／清風堂書店
　〒530-0057　大阪市北区曽根崎 2-11-16
　TEL／06-6316-1460

●印刷／尼崎印刷株式会社
●製本／株式会社高廣製本
●デザイン／美濃企画株式会社
●制作担当編集／青木　圭子
●企画／フォーラム・A
●HP／http://www.seifudo.co.jp/

※乱丁・落丁本は、お取り替えいたします。

＊本書は、2022年1月にフォーラム・Aから刊行したものを改訂しました。

テスト式！

点数アップドリル　算数

4年生
答え

ピィすけの
アドバイスつき！

p. 6-7 **チェック＆ゲーム**

1億より大きい数

♛1
① 億
② 兆
③ 万
④ 京
⑤ （順に）和、差
⑥ （順に）積、商

♛2

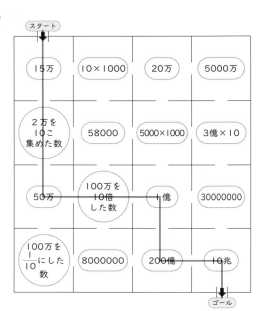

p. 8-9 **1億より大きい数** 🌸◌◌（やさしい）

1
① ⓐ 兆　ⓘ 億　ⓤ 万
② 一兆の位
③ 百億の位
④ 10億（十億）
⑤ 3
⑥ （順に）兆、億、万

2
① 15470000000000
② 2835640000
③ 3625100000000

3
① 53　② 2兆

4
①
```
    3 2 1
  ×  2 1 3
    9 6 3
  3 2 1
6 4 2
6 8 3 7 3
```
②
```
    4 2 0 0
  ×   1 3 0
    1 2 6
  4 2
5 4 6 0 0 0
```

p. 10-11 **1億より大きい数** 🌸◌🌸（まあまあ）

1
① 十億の位
② 三兆四千七百九十億二千十八万六千

2
① 18403590000000
② 8000700050000

3
ⓐ 7億　ⓘ 23億

4
① 57
② 3兆

5
①
```
    1 7 6
  ×  2 0 5
    8 8 0
3 5 2
3 6 0 8 0
```
②
```
    4 7 0 0
  ×    3 2
      9 4
1 4 1
1 5 0 4 0 0
```

6
① 9876543210
② 3584968830

p. 12-13 **1億より大きい数** ◌◌🌸（ちょいムズ）

1
① 10億（十億）
② 1000万（一千万）
③ 3
④ 五兆三千九百四十六億八千七十万
二千

2　① 3764000000

② 13824016000000

③ 4000800020000

④ 24000000000

3　あ 9600億　　　い 1兆500億

4　① 10倍…6兆

$\dfrac{1}{10}$…600億

② 10倍…70兆

$\dfrac{1}{10}$…7000億

5　①
```
      3 8 6
  ×   2 0 5
    1 9 3 0
  7 7 2
  7 9 1 3 0
```
②
```
      6 7 0
  ×   6 9 0 0
      6 0 3
  4 0 2
  4 6 2 3 0 0 0
```

6　975301

p.14-15

チェック＆ゲーム

折れ線グラフと表

 あ、え、か

 あ
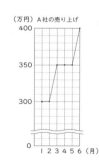
い
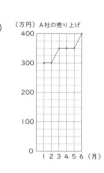

p.16-17 **折れ線グラフと表** 🐾♡♡（やさしい）

◆　① い

② （5月1日の）1日の気温の変わり方

③ たてじく　気温

　　横じく　　時こく

④ 17度

⑤ 気温　　24度

　　時こく　午後2時

⑥ 気温　　15度

　　時こく　午前8時

⑦ 午後1時から午後2時

⑧ 午後2時から午後3時

ピィすけ★アドバイス

⑤〜⑧は、午前、午後を必ずつけ
よう！

p.18-19 **折れ線グラフと表** ♡🐾♡（まあまあ）

1　① 1度

② 3月…9度

　　11月…12度

③ 3月から4月の間

④ 10月から11月の間

2　い、う

3　① か 14　き 4　く 10

② 5人

③ 12人

④ どこで　校庭

　　どんな　すりきず

　　人数　　11人

p. 20-21 折れ線グラフと表 (ちょいムズ)

1

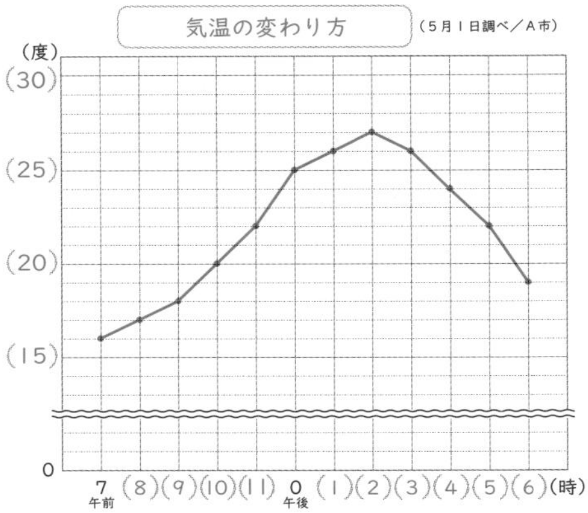

2 ㋑

3 ① ㋕ 6

㋖ 13

② 20人

③ 17人

④ 11人

⑤ 4人

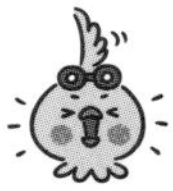

ピィすけ★アドバイス

3の表の㋕は、「先週は利用しなかったが今週は利用した人」を表すよ。

p. 22-23 チェック＆ゲーム

わり算の筆算 (1)

1

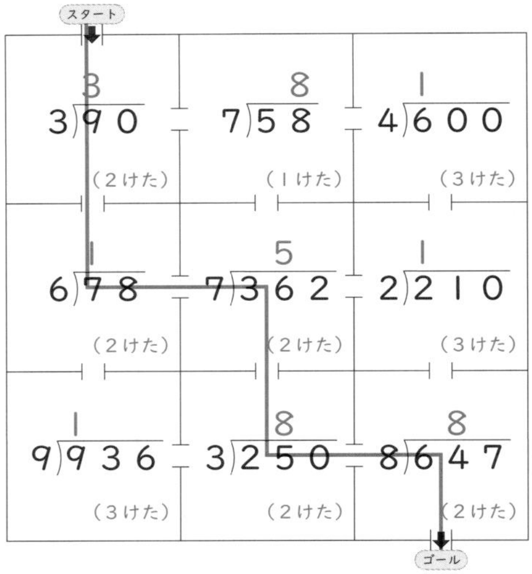

2 ※計算の答え

① 8　② 20　③ 50

④ 200　⑤ 14　⑥ 15

言葉…うんどうかい

p. 24-25 わり算の筆算 (1)

(やさしい)

1

① 90÷3＝30

② 420÷7＝60

③ 600÷2＝300

④ 6300÷9＝700

2

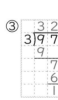

①

	1	5
6)	9	0
	6	
	3	0
	3	0
		0

②

	1	8
4)	7	4
	4	
	3	4
	3	2
		2

③

	3	2
3)	9	7
	9	
		7
		6
		1

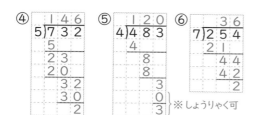

④ $\begin{array}{r} 146 \\ 5\overline{)732} \\ \hline 5 \\ \hline 23 \\ 20 \\ \hline 32 \\ 30 \\ \hline 2 \end{array}$　⑤ $\begin{array}{r} 120 \\ 4\overline{)483} \\ \hline 4 \\ \hline 8 \\ 8 \\ \hline 03 \\ 0 \\ \hline 3 \end{array}$ ※しょうりゃく可　⑥ $\begin{array}{r} 36 \\ 7\overline{)254} \\ \hline 21 \\ \hline 44 \\ 42 \\ \hline 2 \end{array}$

3 式　$90 \div 3 = 30$

答え　30倍

4 式　$52 \div 4 = 13$

答え　13まい

5 式　$261 \div 6 = 43$ あまり 3

答え　1ふくろ分は43こで3こあまる

---

p. 26-27 **わり算の筆算（1）**

☆🐾☆（まあまあ）

1 式　$66 \div 6 = 11$

答え　11m

2 ① $\begin{array}{r} 27 \\ 3\overline{)81} \\ \hline 6 \\ \hline 21 \\ 21 \\ \hline 0 \end{array}$　② $\begin{array}{r} 13 \\ 7\overline{)94} \\ \hline 7 \\ \hline 24 \\ 24 \\ \hline 3 \end{array}$　③ $\begin{array}{r} 21 \\ 4\overline{)84} \\ \hline 8 \\ \hline 4 \\ 4 \\ \hline 0 \end{array}$

④ $\begin{array}{r} 84 \\ 8\overline{)672} \\ \hline 64 \\ \hline 32 \\ 32 \\ \hline 0 \end{array}$　⑤ $\begin{array}{r} 308 \\ 3\overline{)926} \\ \hline 9 \\ \hline 26 \\ 24 \\ \hline 2 \end{array}$　⑥ $\begin{array}{r} 101 \\ 9\overline{)909} \\ \hline 9 \\ \hline 9 \\ 9 \\ \hline 0 \end{array}$

3 式　$286 \div 6 = 47$ あまり 4

$47 + 1 = 48$

答え　48日

---

4 ① ⓐ $\begin{array}{r} 88 \\ 5\overline{)440} \\ \hline 40 \\ \hline 40 \\ 40 \\ \hline 0 \end{array}$ ⓑ $\begin{array}{r} 86 \\ 6\overline{)516} \\ \hline 48 \\ \hline 36 \\ 36 \\ \hline 0 \end{array}$

② （順に）ⓑ、2円

---

p. 28-29 **わり算の筆算（1）**

☆☆🐾（ちょいムズ）

1 ① $280 \div 7 = 40$

② $5600 \div 8 = 700$

2 ① $\begin{array}{r} 26 \\ 3\overline{)78} \\ \hline 6 \\ \hline 18 \\ 18 \\ \hline 0 \end{array}$　② $\begin{array}{r} 13 \\ 6\overline{)79} \\ \hline 6 \\ \hline 19 \\ 18 \\ \hline 1 \end{array}$　③ $\begin{array}{r} 21 \\ 4\overline{)86} \\ \hline 8 \\ \hline 6 \\ 4 \\ \hline 2 \end{array}$

④ $\begin{array}{r} 139 \\ 5\overline{)697} \\ \hline 5 \\ \hline 19 \\ 15 \\ \hline 47 \\ 45 \\ \hline 2 \end{array}$　⑤ $\begin{array}{r} 103 \\ 8\overline{)827} \\ \hline 8 \\ \hline 27 \\ 24 \\ \hline 3 \end{array}$　⑥ $\begin{array}{r} 93 \\ 7\overline{)652} \\ \hline 63 \\ \hline 22 \\ 21 \\ \hline 1 \end{array}$

3 $\begin{array}{r} 122 \\ 8\overline{)981} \\ \hline 8 \\ \hline 18 \\ 16 \\ \hline 21 \\ 16 \\ \hline 5 \end{array}$

〈けん算〉$8 \times 122 + 5 = 981$

4 式　$215 \div 6 = 35$ あまり 5

$35 + 1 = 36$

答え　36日

5 式　（3m50cm＝350cm）

$350 \div 8 = 43$ あまり 6

答え　43本

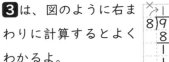

ピィすけ★アドバイス

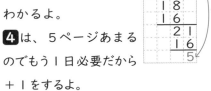

3は、図のように右まわりに計算するとよくわかるよ。

4は、5ページあまるのでもう1日必要だから＋1をするよ。

5は、長さ8cmのテープの本数なので、あまりは考えないよ。

p.30-31

チェック＆ゲーム
角の大きさ

 うさぎ

 100°

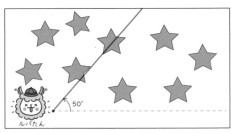

たくさん集めたのはピィすけ

p.32-33 ### 角の大きさ 🐾🌼🌼（やさしい）

1　① 30°　② 90°

　　③ 120°　④ 240°

2　①
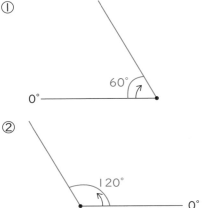

　　②

3　① 180°

　　② 式　180−50＝130

　　　　　　　　　答え　130°

　　③ 120°

　　④ 式　180−120＝60

　　　　　　　　　答え　60°

4
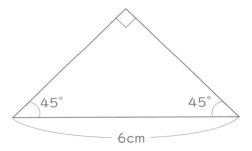

p.34-35 ### 角の大きさ 🐾🌼🌼（まあまあ）

1　① 90

　　② （順に）4、360

　　③ 90

2　① 45°　　② 310°

3 ①

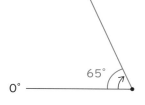

65°
0°

②

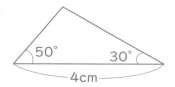

250°
0°

4 ① 〈あ〉式　180−150=30

答え　30°

② 〈い〉式　180−40=140

答え　140°

〈う〉式　180−140=40

答え　40°

5 ①

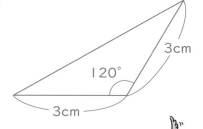

50°　30°
4cm

②

3cm
120°
3cm

p. 36-37 **角の大きさ** ☆☆✿（ちょいムズ）

1 ①（順に）2、180
② （順に）4、360

2 ① 130°　　② 290°

3 ①

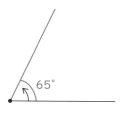

65°

②

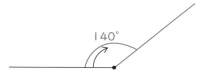

300°

③

140°

4 式　180−40−60=80

答え　80°

※40+60=100
180−100=80　も可

5 ① 式　45+60=105

答え　105°

② 式　90−30=60

答え　60°

ピィすけ★アドバイス

2の②は、色のついていない角の角
度が50°だから、360−50をしよう。
3の②は、250−180=70だから、
180°に70°かきたすといいよ！

6 〈例〉

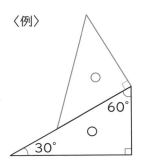

式　60°＋90°＝150°

　　※90°＋60°＝150°　も可

ピィすけ★アドバイス

3の②は、360－300＝60°なので、直線の下から60°の角をかけば300°の角がかけるね。

 p. 38-39　**チェック＆ゲーム**

小数

 くまとたぬき　※順不同

2 なつやすみ
- ㊥ 2.3
- ㋅ 0.28
- ㋯ 36
- ㋬ 0.36
- ㋜ 5.58

p. 40-41　**小数** 🌸🤍🤍　（やさしい）

1 1.27L

2
- ㋐ 0.81m　　　㋑ 0.9m
- ㋒ 0.96m　　　㋓ 1.05m

3
① 0.047
② 10倍 … 6.2

　　$\dfrac{1}{10}$ … 0.062

4
① 2.346km
② 5.217kg

5
① 378こ
② 690こ

6 3.59→3.6→3.63→3.66

7
①
```
   4 5.1 8
 +   6.7 3
   5 1.9 1
```
②
```
   5.0 0
 - 0.2 8
   4.7 2
```

ピィすけ★アドバイス

2は、1めもり0.01ということに注意！㋓を1.5としないようにね。

p. 42-43　**小数** 🤍🌸🤍　（まあまあ）

1
① $\dfrac{1}{1000}$の位
　※小数第三位　も可
② 0.01
③ 8354こ

2
- ㋐ 4.83m　　㋑ 4.9m
- ㋒ 4.99m　　㋓ 5.05m

3
① 76.9
② 769
③ 0.769

4　① 3.8L

② 6.43m

③ 9.025kg

5　①
$$\begin{array}{r} 31.27 \\ +\ \ 6.4 \\ \hline 37.67 \end{array}$$
②
$$\begin{array}{r} 27.00 \\ -\ \ 4.36 \\ \hline 22.64 \end{array}$$

6　① 98653.1

② 1.35689

③ 98651.3

ピィすけ★アドバイス

2の1めもりは0.01だよ。㋓を5.5としないようにね。

5　式　3.62＋0.58＝4.2

答え　4.2L

6　式　(2543g＝2.543kg)

3.069－2.543＝0.526

答え　メロン㋐が0.526kg重い

※3069－2543＝526（g）

526g＝0.526kg　も可

ピィすけ★アドバイス

4は、必ず位をそろえよう！②の「6」は、6.000と0を書いておくとミスしにくいよ。

---

p.44-45　**小数**　✿✿✿（ちょいムズ）

1　① 0.036

② 10倍 … 0.74

100倍 … 7.4

③ $\dfrac{1}{10}$ … 0.308

$\dfrac{1}{100}$ … 0.0308

2　① ㋐ 2.05　㋑ 2.5

㋒ 2.96

② ㋐ 205こ　㋒ 296こ

3　① 2.083km

② 0.059kg

4　①
$$\begin{array}{r} 54.32 \\ +\ \ 5.7 \\ \hline 60.02 \end{array}$$
②
$$\begin{array}{r} 6.000 \\ -0.072 \\ \hline 5.928 \end{array}$$

---

p.46-47　**チェック＆ゲーム**

わり算の筆算（２）

👑1

👑2
$$\begin{array}{r} 4 \\ 21\overline{)84} \\ 84 \\ \hline 0 \end{array}$$

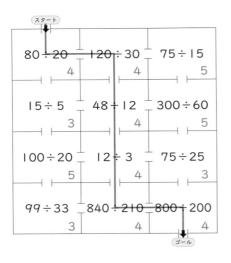

80÷20	120÷30	75÷15
4	4	5
15÷5	48÷12	300÷60
3	4	5
100÷20	12÷3	75÷25
5	4	3
99÷33	840÷210	800÷200
3	4	4

p. 48-49　**わり算の筆算（2）**

　　　　　　　　🐾🌸🌸🌸（やさしい）

1 ①　7　　　②　5
　　③　3あまり40

2
①　4　21)84　84　0
②　2　43)97　86　11
③　7　54)378　378　0

④　32　24)783　72　63　48　15
⑤　53　15)797　75　47　45　2

3
17　43)745　43　315　301　14

〈けん算〉43×17＋14＝745

4 式　80÷15＝5あまり5
　　　　　　　答え　5列できて5人あまる

5 式　300÷12＝25
　　　　　　　　　　　　答え　25箱

p. 50-51　**わり算の筆算（2）**

　　　　　　　　🌸🐾🌸（まあまあ）

1 ①　3　23)69　69　0
②　2　34)92　68　24

③　7　37)263　259　4
④　23　24)556　48　76　72　4

2 式　560÷14＝40（間が40ある）
　　　40＋1＝41

　　　　　　　　　　　答え　41本

3
18　34)641　34　301　272　29

〈けん算〉34×18＋29＝641

4 ①　60÷20＝3
②　80÷30＝2あまり20
③　27000÷900＝30
④　3000÷600＝5
⑤　2800÷80＝35

35　80)2800　24　40　40　0

⑥　6500÷800＝8あまり100

8　800)6500　64　100

わり算の筆算（２）

☆☆❀ （ちょいムズ）

1
① 8
② ９あまり20

③
```
        3
 2 6 ) 9 6
     7 8
     1 8
```

④
```
        2
 3 7 ) 9 3
     7 4
     1 9
```

⑤
```
          8
 4 5 ) 3 8 9
     3 6 0
       2 9
```

⑥
```
        1 4
 3 1 ) 4 5 3
     3 1
     1 4 3
     1 2 4
       1 9
```

⑦
```
        2 2
 3 9 ) 8 6 2
     7 8
       8 2
       7 8
         4
```

⑧
```
        1 6
 4 2 ) 6 7 5
     4 2
     2 5 5
     2 5 2
         3
```

⑨
```
          3
 2 4 0 ) 8 5 0
       7 2 0
       1 3 0
```

⑩
```
            2 9
 2 4 3 ) 7 2 1 0
       4 8 6
       2 3 5 0
       2 1 8 7
         1 6 3
```

2
```
          2 0
 3 6 ) 7 4 1
     7 2
       2 1
```

〈けん算〉36×20＋21＝741

3 式 263÷12＝21あまり11

答え 21箱できて11こあまる

4 ① 式 16×23＋12＝380

答え 380

② 式 380÷19＝20

答え 20

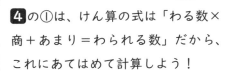

ピィすけ★アドバイス

4の①は、けん算の式は「わる数×
商＋あまり＝わられる数」だから、
これにあてはめて計算しよう！

  チェック＆ゲーム

倍の見方

1 ① ×　② ×　③ ○

2

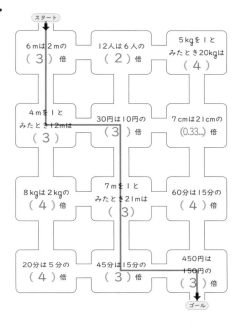

倍の見方 ❀ （まあまあ）

1 ① 式 36÷９＝4

答え 4倍

② 4

2 ① 式 □×3＝48

② 16こ

3 式 56÷7＝8

答え 8倍

4 式 162×9＝1458

答え 1458g

5 キャベツ

ピィすけ★アドバイス

2の②は、48÷3で求められるね。

5は、キャベツは280÷7＝4で4倍、ほうれん草は360÷120＝3で3倍だから、キャベツの方がね上がりしているといえるね。

p.58-59

チェック＆ゲーム
がい数

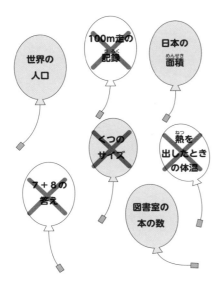

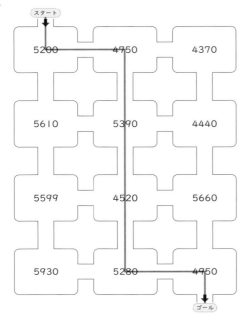

---

p.60-61 **がい数** 👣 ♡ ♡ （やさしい）

1 ① 十の位　5800

百の位　6000

② 十の位　169500

百の位　169000

2 ① 48**6**　　490

② 61**7**4　　6200

③ 3**5**29　　4000

④ 8**2**407　80000

3 ① 50000

② 760000

4 ① 349

② （順に）145、154

5 ① 8000＋5000＝13000

② 9000－4000＝5000

③ 6000×600＝3600000

---

p.62-63 **がい数** ♡ 👣 ♡ （まあまあ）

1 ① 百の位　87000

千の位　90000

② 百の位　1674000

千の位　1670000

2 ① 5390

② 28100

③ 8000

④ 550000

3 ① 6000000

② 28000000

4 ① $4000 \times 30 = 120000$

② $8000 \div 200 = 40$

5 ① （順に）450、549

② （順に）245、未満

6 ①　い

②

品物	ねだん	約○円
シャンプー	948	1000
せんざい	430	500
目薬	445	500
ティッシュ	298	300
日焼け止め	895	900

③　4まい

ピィすけ★アドバイス

5 の②は、「以下」としないように
ね。255は一の位を四捨五入すると
260になるから、255は「ふくまな
い」という意味の「未満」が正かい
だよ。

p.64-65　**がい数**　🌸🌸🐾　（ちょいムズ）

1 ① 45000

② 20000

③ 300000

2 ① 40000

② 71000

③ 500000

3 ① 式　$1600 - 600 = 1000$

答え　（約）1000

② 式　$700 \times 400 = 280000$

答え　（約）280000

4 ① （順に）255、264

② （順に）1850、1950

5 ① 5、6、7、8、9　※順不同

② 0、1、2、3、4　※順不同

6 ① 式　$200 \times 30 = 6000$

答え　（約）6000円

② 式　$30000 \div 30 = 1000$

答え　（約）1000円

ピィすけ★アドバイス

1 も **2** も、1つ下の位を四捨五入
するということに注意しよう。
1 の①なら４５③７１というよう
に、四捨五入する数字を□でかこむ
とわかりやすいよ！

p.66-67　**チェック＆ゲーム**

計算のきまり

👑1 言葉…よねんせい

※計算の答え

せ　8

い　23

ね　6

よ　5

ん　7

2

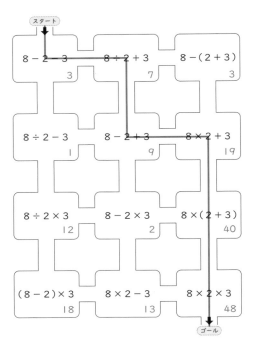

$8-2-3$ 3	$8÷2+3$ 7	$8-(2+3)$ 3
$8÷2-3$ 1	$8-2+3$ 9	$8×2+3$ 19
$8÷2×3$ 12	$8-2×3$ 2	$8×(2+3)$ 40
$(8-2)×3$ 18	$8×2-3$ 13	$8×2×3$ 48

p.68-69　**計算のきまり** 🐾🌸🌸（やさしい）

1

① $50-(7+4)$
$=50-11$
$=39$

② $50-7×4$
$=50-28$
$=22$

③ $(150-50)×3$
$=100×3$
$=300$

④ $6×4-18÷3$
$=24-6$
$=18$

⑤ $8×(10-6÷2)$
$=8×(10-3)$
$=8×7$
$=56$

⑥ $(8×10-8)÷9$
$=(80-8)÷9$
$=72÷9$
$=8$

2　式　$50×2+40×3$
$=100+120$
$=220$

答え　220円

3
① ㋐ 100　　㋑ 128
② ㋐ 100　　㋑ 1500
③ ㋐ 13+17　㋑ 180

4
① ㋐ 10　　㋑ 350
② ㋐ 10　　㋑ 10
　㋒ 100　　㋓ 3500

p.70-71　**計算のきまり** 🌸🐾🌸（まあまあ）

1

① $100-(80+5)$
$=100-85$
$=15$

② $100-8×5$
$=100-40$
$=60$

③ $(100-80)×5$
$=20×5$
$=100$

④ $8×6-32÷4$
$=48-8$
$=40$

⑤ $(8×6-32)÷4$
$=(48-32)÷4$
$=16÷4$
$=4$

⑥　8×(36−32)÷4
　　＝8×4÷4
　　＝32÷4
　　＝8

2　式　20×5+110×3=100+330
　　　　　　　　　　　＝430
　　　　　　　　　　答え　430円

3　①　㋐　40　　㋑　124
　　②　㋐　26　　㋑　14
　　　　㋒　4　　㋓　160
　　③　㋐　7　　㋑　100
　　　　㋒　700

4　①　㋐　10　　㋑　360
　　②　㋐　10　　㋑　10
　　　　㋒　100　㋓　3600

p.72-73　**計算のきまり** ☆☆🐾（ちょいムズ）

1　①　97−(95−31)
　　　＝97−64
　　　＝33
　　②　60+40×8
　　　＝60+320
　　　＝380
　　③　308÷(13−6)
　　　＝308÷7
　　　＝44
　　④　13×6−18÷2
　　　＝78−9
　　　＝69
　　⑤　45−7+4×5
　　　＝38+20
　　　＝58

⑥　210−81÷9
　　＝210−9
　　＝201

2　①　式　1000−(270+140×2)
　　②　450円

3　式　3×12+2×12
　　　＝60　　　　　答え　60こ
　　※（3+2）×12　も可

4　①　23×4×25
　　　＝23×100
　　　＝2300
　　②　98×9
　　　＝（100−2）×9
　　　＝900−18
　　　＝882
　　③　18×6+12×6
　　　＝（18+12）×6
　　　＝30×6
　　　＝180
　　④　1002×12
　　　＝（1000+2）×12
　　　＝12000+24
　　　＝12024

5　式　50×12+110×3
　　　＝600+330
　　　＝930　　　　　答え　930円

◆━ **ピィすけ★アドバイス** ━
5の「１ダース」とは、12本のこと
だよ。

15

チェック＆ゲーム

垂直・平行と四角形

 ① 垂直（すい直）

② 平行

③ 平行

④ 垂直（すい直）

⑤ 平行

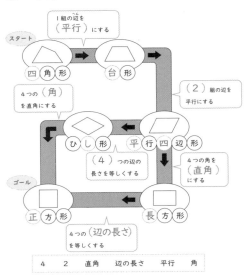

p. 76-77　**垂直と平行**　（やさしい）

I ① エとオ　※順不同

② アとウ　※順不同

③ 3本

④ 平行

⑤
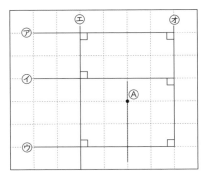

2 ① エ

② 角③

③
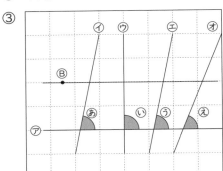

3 ① 辺DC

② 辺ABと辺DC　※順不同

p. 78-79　**垂直と平行**　（まあまあ）

I ① カ、ク　※順不同

② ウ、ケ　※順不同

③ 平行

④ 80°

⑤ 80°

2 ①
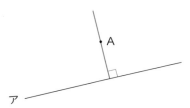

②
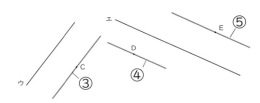

p. 80-81　**垂直と平行**　◌◌✿（ちょいムズ）

1　① ⑰

　　② ㊤

　　③ 垂直（すい直）

2　角⑰　70°

　　角○　70°

3　①
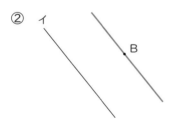

　　②
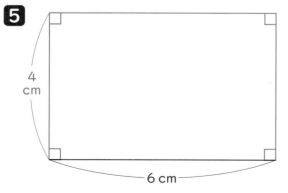

4　①
　　②

5
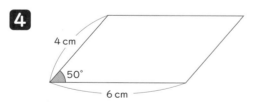

p. 82-83　**四角形**　✿◌◌　（やさしい）

1　① 台形

　　② 平行四辺形

　　③ 長方形

　　④ ひし形

　　⑤ 正方形

2　① 5cm

　　② 75°

　　③
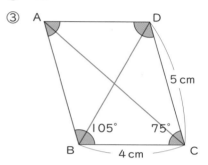

3

4

※答えはちぢめています。

5　① 3cm

　　② ひし形

1 ① あ、い、え、お

② い、お

③ あ、い

④ い、お

※順不同

2

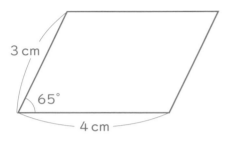

3 cm

65°

4 cm

3

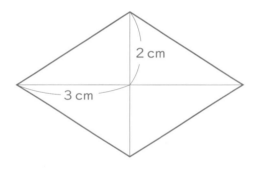

2 cm

3 cm

4 ① 長方形

② ひし形

③ 平行四辺形

ピィすけ★アドバイス

ひし形や平行四辺形は、いろいろな
かき方があるね。ぼくはコンパスで
かくのがおすすめだよ。

1 ① 長方形、正方形、平行四辺形、

ひし形

② 正方形、ひし形

③ 長方形、正方形

④ 正方形、ひし形

※順不同

2 ① ひし形

② 平行四辺形

3 ① い、え　　　　　※順不同

② あ、い、う、え　※順不同

4 ①

2.5cm

2 cm

60°

②

2 cm

45°

③

1.5cm

1.5cm

チェック＆ゲーム

分数

👑1

$\frac{3}{4}$	1	$\frac{2}{4}$	$1\frac{1}{4}$	$\frac{6}{4}$	1	$\frac{1}{4}$
$\frac{2}{4}$	$\frac{1}{4}$	$1\frac{1}{4}$	$1\frac{3}{4}$	$\frac{3}{4}$	$\frac{2}{4}$	$1\frac{1}{4}$
1	$\frac{4}{4}$	2	$\frac{1}{4}$	$\frac{4}{4}$	$\frac{3}{4}$	1
$\frac{1}{4}$	$1\frac{3}{4}$	1	$\frac{4}{4}$	$\frac{7}{4}$	$\frac{2}{4}$	$\frac{4}{4}$
$\frac{7}{4}$	3	$\frac{6}{4}$	$\frac{12}{4}$	$2\frac{1}{4}$	$2\frac{3}{4}$	2
$\frac{1}{4}$	$\frac{4}{4}$	$\frac{3}{4}$	$\frac{1}{4}$	2	$1\frac{1}{4}$	$\frac{1}{4}$
$1\frac{1}{4}$	1	$\frac{2}{4}$	1	$\frac{7}{4}$	$\frac{2}{4}$	$\frac{4}{4}$

出てきたのは…4

👑2 ※計算の答え

① $\frac{3}{5}$ ② $2\frac{4}{7}$ ③ 1

④ $\frac{8}{7}$ ⑤ $1\frac{1}{5}$

言葉…クリスマス

分数 🌸○○ （やさしい）

1 ① 3
② 2
③ 仮分数
④ 帯分数
⑤ 大きい

2 ① $\frac{5}{4}$
② $\frac{9}{5}$

3 ① $1\frac{1}{3}$

② $2\frac{1}{4}$

4 ① $1\frac{1}{3}$
② 2
③ $1\frac{4}{9}$

5 ① $\frac{2}{3}+\frac{2}{3}=\frac{4}{3}\left(1\frac{1}{3}\right)$

② $2\frac{1}{9}+1\frac{4}{9}=3\frac{5}{9}\left(\frac{32}{9}\right)$

③ $3\frac{2}{7}+1\frac{3}{7}=4\frac{5}{7}\left(\frac{33}{7}\right)$

④ $\frac{8}{5}-\frac{4}{5}=\frac{4}{5}$

⑤ $2\frac{5}{9}-1\frac{4}{9}=1\frac{1}{9}\left(\frac{10}{9}\right)$

⑥ $\frac{13}{5}-\frac{4}{5}=\frac{9}{5}\left(1\frac{4}{5}\right)$

6 式 $\frac{10}{7}-\frac{4}{7}=\frac{6}{7}$

答え　オレンジジュースが $\frac{6}{7}$ L多い

分数 🐾🌸🐾 （まあまあ）

1 ① あ $\frac{4}{7}$

い $1\frac{1}{7}\left(\frac{8}{7}\right)$

う $\frac{14}{7}$

②

2 ① $2\frac{3}{8}$
② 2
③ $4\frac{5}{6}$
④ $\frac{11}{9}$
⑤ $\frac{50}{9}$

⑥ $\dfrac{22}{7}$

3 ① $\dfrac{26}{5} < 5\dfrac{2}{5}$

② $\dfrac{3}{7} < \dfrac{3}{5}$

4 ① $\dfrac{3}{9} + \dfrac{7}{9} = \dfrac{10}{9}\left(1\dfrac{1}{9}\right)$

② $4\dfrac{2}{7} + 1\dfrac{4}{7} = 5\dfrac{6}{7}\left(\dfrac{41}{7}\right)$

③ $\dfrac{4}{5} + 2\dfrac{3}{5} = 2\dfrac{7}{5}$
$\qquad\qquad = 3\dfrac{2}{5}\left(\dfrac{17}{5}\right)$

④ $4\dfrac{2}{5} - 3 = 1\dfrac{2}{5}\left(\dfrac{7}{5}\right)$

⑤ $3\dfrac{6}{7} - 2\dfrac{4}{7} = 1\dfrac{2}{7}\left(\dfrac{9}{7}\right)$

⑥ $3\dfrac{3}{9} - \dfrac{5}{9} = 2\dfrac{12}{9} - \dfrac{5}{9}$
$\qquad\qquad = 2\dfrac{7}{9}\left(\dfrac{25}{9}\right)$

5 式 $3 - \dfrac{7}{8} = 2\dfrac{8}{8} - \dfrac{7}{8}$
$\qquad\qquad = 2\dfrac{1}{8}$

答え $2\dfrac{1}{8}$ km $\left(\dfrac{17}{8}\text{ km}\right)$

ピィすけ★アドバイス

4の③は、$2\dfrac{7}{5}$ のままでは残念!!
分数の部分が仮分数のままでは×
だよ。
⑥は、分数部分からひけないとき
は、$2\dfrac{12}{9}$ というように整数部分か
ら1くり下げると計算できるね。
仮分数になおしてもOKだよ!

p. 94-95 **分数** ✿✿✿ （ちょいムズ）

1 ① $1\dfrac{7}{8}$

② $\dfrac{15}{8}$

2 ① $3\dfrac{6}{7}$

② $\dfrac{24}{5}$

③ 6

④ $\dfrac{39}{7}$

3 ① $3\dfrac{3}{7} \rightarrow 2\dfrac{5}{7} \rightarrow 2\dfrac{2}{7} \rightarrow 2 \rightarrow 1\dfrac{6}{7}$

② $\dfrac{1}{3} \rightarrow \dfrac{1}{5} \rightarrow \dfrac{1}{6} \rightarrow \dfrac{1}{7} \rightarrow \dfrac{1}{10}$

4 ① $\dfrac{29}{9} < 3\dfrac{4}{9}$

② $6\dfrac{2}{3} > \dfrac{19}{3}$

5 ① $1\dfrac{2}{7} + 2\dfrac{4}{7} = 3\dfrac{6}{7}\left(\dfrac{27}{7}\right)$

② $3\dfrac{4}{5} + \dfrac{3}{5} = 3\dfrac{7}{5}$
$\qquad\qquad = 4\dfrac{2}{5}\left(\dfrac{22}{5}\right)$

③ $1\dfrac{5}{8} + \dfrac{3}{8} = 1\dfrac{8}{8}$
$\qquad\qquad = 2$

④ $2\dfrac{1}{3} - 1\dfrac{2}{3} = 1\dfrac{4}{3} - 1\dfrac{2}{3}$
$\qquad\qquad = \dfrac{2}{3}$

⑤ $3\dfrac{5}{9} - \dfrac{7}{9} = 2\dfrac{14}{9} - \dfrac{7}{9}$
$\qquad\qquad = 2\dfrac{7}{9}\left(\dfrac{25}{9}\right)$

⑥ $3 - \dfrac{5}{6} = 2\dfrac{6}{6} - \dfrac{5}{6}$
$\qquad\qquad = 2\dfrac{1}{6}\left(\dfrac{13}{6}\right)$

6 ① 式 $1\frac{2}{5} - \frac{3}{5} = \frac{7}{5} - \frac{3}{5}$
$= \frac{4}{5}$

答え　$\frac{4}{5}$ m

② 式 $\frac{3}{5} + 1\frac{2}{5} = 1\frac{5}{5}$
$= 2$

答え　2 m

ピィすけ★アドバイス

5の⑥は、$\frac{18}{6} - \frac{5}{6}$ というように仮分数になおしても計算できるよ。

p.96-97 **チェック＆ゲーム**

変わり方

1 ① 2－4－6－8－10－12

② 3－5－7－9－11－13

③ 30－45－60－75－90－105

④ 27－24－21－18－15－12

⑤ 1－2－4－7－11－16

2 ①

あ
10さい差の弟と姉の年れい
弟（さい）□	1	2	3	4
姉（さい）△	11	12	13	14

い
1こ10円のおかしの数と代金
おかしの数（こ）□	1	2	3	4
代金（円）△	10	20	30	40

う
まわりの長さが20cmの長方形のたてと横の長さ
たて（cm）□	1	2	3	4
横（cm）△	9	8	7	6

$10 \times \square = \triangle$
$\square + \triangle = 10$
$\square + 10 = \triangle$

② （順に）1、2、3

p.98-99 **変わり方** （やさしい）

1 ① 3 cm

② 4 cm

③
正三角形の数（こ）	1	2	3	4	5	6
まわりの長さ（cm）	3	4	5	6	7	8

④ 式　$\square + 2 = \bigcirc$

⑤ 式　$20 + 2 = 22$

答え　22cm

2 ① い

② あ

③ い

④ あ

⑤ い

p.100-101 **変わり方** （ちょいムズ）

1 ①
だんの数（だん）	1	2	3	4	5	6
まわりの長さ（cm）	3	6	9	12	15	18

② 24cm

③ 式　$3 \times \square = \bigcirc$

④ 式　$3 \times 15 = 45$

答え　45cm

2 ①
たての長さ（cm）	1	2	3	4	5
面積（cm²）	6	12	18	24	30

② 式　$\square \times 6 = \bigcirc$

③ 式　$\square \times 6 = 48$
$\square = 8$

答え　8 cm

※$48 \div 6 = 8$　も可

3 う、お　※順不同

チェック＆ゲーム

面積

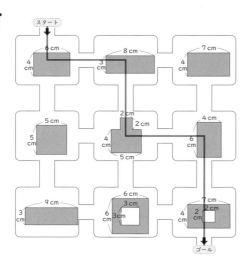

　アマゾンガワダヨ

---

p. 104-105　**面積** 🐾🌸🌸🌸（やさしい）

1　① 式　$5 \times 6 = 30$

答え　30cm²

　　② 式　$4 \times 4 = 16$

答え　16cm²

　　③ 式　$6 \times 8 = 48$

答え　48m²

2　① 10000

　　② 100

　　③ 10000

　　④ 1000000

3　式　$20 \div 5 = 4$

答え　4 cm

4　① 式　$40 \div 4 = 10$

答え　10m

---

　　② 式　$10 \times 10 = 100$

答え　100m²

5　式　$3 \times 6 + 4 \times 10 = 18 + 40$

$= 58$

答え　58cm²

---

p. 106-107　**面積** 🌸🐾🌸（まあまあ）

1　① 式　$9 \times 6 = 54$

答え　54m²

　　② 式　$20 \times 20 = 400$

答え　400cm²

　　③ 式　$4 \times 7 = 28$

答え　28km²

2　① 10000

　　② a（アール）

　　③ ha（ヘクタール）

　　④ 1000000

3　式　$3 \times 4 = 12$

答え　12cm²

4　式　$30 \div 6 = 5$

答え　5 cm

5　式　$24 \div 4 = 6$

$6 \times 6 = 36$

答え　36m²

6　式　$12 \times 8 + 6 \times 8 = 96 + 48$

$= 144$

答え　144cm²

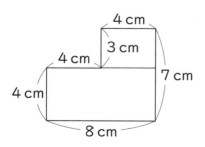

ピィすけ★アドバイス

2の問題で、面積の単位がわからなくなったら、P.104の**2**のように絵をかいて、１辺×１辺をして考えてみよう！

p. 108-109　**面積** ✿✿✿（ちょいムズ）

1 ① 10000

　② 100

　③ 10000

　④ 1000000

2 ① 式　3×3＝9

　　　　　　　　　　　答え　9km²

　② 式　（2m＝200cm）

　　　　80×200＝16000

　　　　　答え　16000cm²（1.6m²）

3 式　30×20＝600

　　　　　　　　答え　600m²、6a

4 ① 9cm

　② 式　6×9＝54

　　　　　　　　　答え　54cm²

5

(図: 4cm, 3cm, 4cm, 7cm, 4cm, 8cm)

6 ① 式　6×4＋4×5

　　　　＝24＋20

　　　　＝44

　　　　　　　　　答え　44m²

　② 式　14×18－(14－10)×(18－12)

　　　　＝252－4×6

　　　　＝252－24

　　　　＝228

　　　　　　　　　答え　228m²

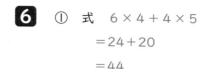

ピィすけ★アドバイス

4の①は、まわりの長さの30cmはたて2つ分と横2つ分をあわせた長さだから、まず30÷2をするよ。30÷2＝15、たての長さが6cmだから、15－6をすると横の長さが出せるね。

p. 110-111　**チェック＆ゲーム**

小数のかけ算

👑

㋕	✖	㋔
4.8	1.2	0.25
× 7	× 4	× 3
33.6		0.75

㋛	㋖	✖
0.9	1.3	1.05
× 46	× 25	× 38
54	65	
36	26	
41.4	32.5	

出てきた言葉　カケザン

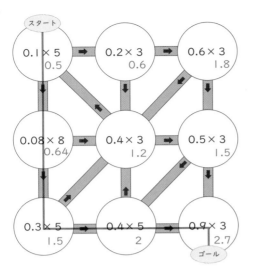

スタート

0.1×5 0.5	→	0.2×3 0.6	→	0.6×3 1.8
0.08×8 0.64	→	0.4×3 1.2	→	0.5×3 1.5
0.3×5 1.5	→	0.4×5 2	→	0.9×3 2.7

ゴール

ピィすけ★アドバイス

小数のかけ算の筆算は、数字を右に
そろえて書くよ。

p.112-113 **小数のかけ算** ☺︎☺︎☺︎（やさしい）

①
```
    0.3
×     8
    2.4
```
②
```
    1.7
×     6
  10.2
```
③
```
    2.4
×     5
  12.0
```

④
```
   12.5
×     8
 100.0
```
⑤
```
   3.06
×     3
   9.18
```
⑥
```
    0.8
×    40
   32.0
```

⑦
```
    1.7
×    42
     34
    68
   71.4
```
⑧
```
   32.8
×    50
 1640.0
```

⑨
```
    3.26
×     34
   1304
    978
  110.84
```
⑩
```
    2.09
×     37
   1463
    627
   77.33
```

2

① 6.4×3＝19.2

② 0.64×3＝1.92

---

3 式 2.6×8＝20.8

答え 20.8kg

4 式 16.2×7＝113.4

答え 113.4km

5 式 1.58×14＝22.12

答え 22.12m

ピィすけ★アドバイス

小数のかけ算の筆算では、小数点を
わすれないことと、小数点より右の
「.」と「0」は消すことに注意しよ
う！

p.114-115 **小数のかけ算** ☺︎☺︎☺︎（まあまあ）

1

①
```
    1.7
×     8
  13.6
```
②
```
    2.6
×     5
  13.0
```
③
```
   14.7
×     4
  58.8
```

④
```
   1.25
×     8
 10.00
```
⑤
```
   35.9
×    70
 2513.0
```

⑥
```
    6.4
×    23
    192
    128
  147.2
```
⑦
```
   0.76
×    32
    152
    228
  24.32
```

⑧
```
    4.26
×     56
   2556
   2130
  238.56
```

2 (4.52−2.4)×3＝2.12×3

＝6.36

3 式　2.06×18＝37.08

答え　37.08kg

4 式　1.42×8＝11.36

答え　11.36m

5 式　6.54×17＝111.18

答え　111.18kg

p.116-117 小数のかけ算 ✿✿🐾（ちょいムズ）

1

① 4.7	② 8.5	③ 5.9 3
× 3	× 6	× 4
1 4.1	5 1.0	2 3.7 2

④ 1.8	⑤ 6 3.4	⑥ 7.0 4
× 3 9	× 5 2	× 6 5
1 6 2	1 2 6 8	3 5 2 0
5 4	3 1 7 0	4 2 2 4
7 0.2	3 2 9 6.8	4 5 7.6 0

2 ①

```
      3.2 7
    × 4 0 8
    2 6 1 6
  1 3 0 8
  1 3 3 4.1 6
```

②
```
    2 1.6
  ×     5
  1 0 8.0
```
0.4＋108＝108.4

答え…108.4

3 ① 158　② 100

③ 9.48　④ 100

4 式　3.8×20＝76

答え　76m

5 式　0.45×12＝5.4

答え　5.4kg

6 式　1.08×6＝6.48

答え　6.48m

小数のわり算

1 ① か　② わ

③ わ　④ か

⑤ わ

2 ※計算

② 3.5÷5＝0.7

③ 7.2÷6＝1.2

⑤ 0.9÷3＝0.3

答え…オカメインコだよ。

p.120-121 小数のわり算 🐾✿✿（やさしい）

1

①　　1.6	②　　6.8	③　　1.4
6)9.6	3)20.4	38)53.2
6	18	38
36	24	152
36	24	152
0	0	0

④　0.8	⑤　　0.6	⑥　　0.06
7)5.6	16)9.6	48)2.88
56	96	288
0	0	0

⑦　1 2.3	⑧　1.5 7
6)7 3.8	6)9.4 2
6	6
1 3	3 4
1 2	3 0
1 8	4 2
1 8	4 2
0	0

2

①　　1 3	②　　　2
5)6 7.3	2 3)5 0.2
5	4 6
1 7	4.2
1 5	
2.3	

25

❸ ①
$$\begin{array}{r} 5.25 \\ 8\overline{)42.00} \\ \underline{40} \\ 20 \\ \underline{16} \\ 40 \\ \underline{40} \\ 0 \end{array}$$

②
$$\begin{array}{r} 0.24 \\ 25\overline{)600} \\ \underline{50} \\ 100 \\ \underline{100} \\ 0 \end{array}$$

❹ 答え…8.3
$$\begin{array}{r} 8.25 \\ 9\overline{)74.30} \\ \underline{72} \\ 23 \\ \underline{18} \\ 50 \\ \underline{45} \\ 5 \end{array}$$

ピィすけ★アドバイス

❶の④、⑤、⑥や❸の②のように、一の位に0がたつときは、0を書きわすれないようにね！

p.122-123 **小数のわり算** ☺🐾☺（まあまあ）

❶
①
$$\begin{array}{r} 1.8 \\ 4\overline{)7.2} \\ \underline{4} \\ 32 \\ \underline{32} \\ 0 \end{array}$$
②
$$\begin{array}{r} 4.3 \\ 8\overline{)34.4} \\ \underline{32} \\ 24 \\ \underline{24} \\ 0 \end{array}$$
③
$$\begin{array}{r} 2.2 \\ 22\overline{)48.4} \\ \underline{44} \\ 44 \\ \underline{44} \\ 0 \end{array}$$

④
$$\begin{array}{r} 0.6 \\ 9\overline{)5.4} \\ \underline{54} \\ 0 \end{array}$$
⑤
$$\begin{array}{r} 0.09 \\ 7\overline{)0.63} \\ \underline{63} \\ 0 \end{array}$$
⑥
$$\begin{array}{r} 0.7 \\ 57\overline{)39.9} \\ \underline{399} \\ 0 \end{array}$$

⑦
$$\begin{array}{r} 1.1 \\ 68\overline{)74.8} \\ \underline{68} \\ 68 \\ \underline{68} \\ 0 \end{array}$$
⑧
$$\begin{array}{r} 0.024 \\ 38\overline{)0.912} \\ \underline{76} \\ 152 \\ \underline{152} \\ 0 \end{array}$$

❷ 答え…0.23
$$\begin{array}{r} 0.226 \\ 37\overline{)8.370} \\ \underline{74} \\ 97 \\ \underline{74} \\ 230 \\ \underline{222} \\ 8 \end{array}$$

❸ 式　82.4÷5＝16あまり2.4

　　答え　16ふくろできて2.4kgあまる

❹ 式　2000÷800＝2.5

　　　　　　答え　2.5倍

p.124-125 **小数のわり算** ☺☺🐾（ちょいムズ）

❶ ① 0.8　　② 0.08

❷ ①
$$\begin{array}{r} 0.16 \\ 5\overline{)0.80} \\ \underline{5} \\ 30 \\ \underline{30} \\ 0 \end{array}$$
②
$$\begin{array}{r} 2.3 \\ 42\overline{)96.6} \\ \underline{84} \\ 126 \\ \underline{126} \\ 0 \end{array}$$

❸ 答え…0.9
$$\begin{array}{r} 0.85 \\ 34\overline{)2900} \\ \underline{272} \\ 180 \\ \underline{170} \\ 10 \end{array}$$

❹
$$\begin{array}{r} 3 \\ 17\overline{)59.6} \\ \underline{51} \\ 8.6 \end{array}$$

〈けん算〉

17×3＋8.6＝59.6

❺ 式　31.9÷22＝1.45

　　　　　　答え　1.45倍

❻ 式（2L6dL＝2.6L）

　　　2.6÷6＝0.433…

　　　　　　答え　（約）0.43L

　　※26÷6＝4.33…（dL）

　　4.3dL＝0.43L　も可

（やさしい）

1

① 1.3
× 5
6.5

② 2.5
× 4
10.0

③ 3.16
× 27
2212
632
85.32

④ 2.8
3)8.4
6
24
24
0

⑤ 2.8
17)47.6
34
136
136
0

⑥ 1.96
5)9.80
5
48
45
30
30
0

⑦ 0.85
8)6.80
64
40
40
0

⑧ 0.4
53)21.2
212
0

2　① 2.8　　② 0.7

3
①
2
2)5.7
4
1.7

②
2
28)72.5
56
16.5

4
① あ 3　　い 6
　 う 18　　え 1.8
② あ 84　　い 84
　 う 14　　え 1.4

14
6)84
6
24
24
0

（ちょいムズ）

1　① 10.2　　② 1.02

2

① 2.4
× 8
19.2

② 6.72
× 5
33.60

③ 3.9
× 17
273
39
66.3

④ 63.4
× 31
634
1902
1965.4

⑤ 7.05
× 64
2820
4230
451.20

3

① 9.8
6)58.8
54
48
48
0

② 0.12
5)0.60
5
10
10
0

③ 2.7
27)72.9
54
189
189
0

4

①
2.3
4)9.3
8
13
12
0.1

②
2.9
23)68.2
46
222
207
1.5

5　式　1.6×40＝64
　　　　　　　　　　　　　答え　64m

6　式　9÷2＝4.5
　　　　　　　　　　　　　答え　4.5倍

7　式　41.7÷6＝6あまり5.7
　　　　　　答え　6本できて5.7mあまる

ピィすけ★アドバイス
6の「青のテープ」は、ここでは関係ないので、気を付けようね。

チェック＆ゲーム

直方体と立方体

 りす

② 直方体の仲間　あ、う、か、く

　　　　　　　　※順不同

　　直方体の仲間　き

p.132-133 **直方体と立方体** 🐾○○（やさしい）

1 ① 直方体
　② 6つ
　③ 立方体
　④ 辺　12本
　　　頂点　8こ

2 ① 面お
　② 4つ

3
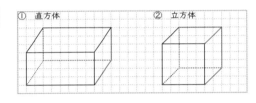

4 ① 4本
　② 平行

5 ⓘ、ⓤ

p.134-135 **直方体と立方体** ○🐾○（まあまあ）

1
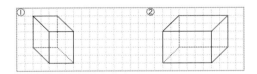

2 ① 面か
　② 辺ＡＥ、辺ＢＦ、辺ＣＧ、辺ＤＨ
　③ 辺ＥＦ、辺ＤＣ、辺ＨＧ
　※②、③順不同

3
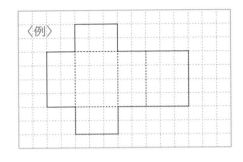

4 ① 辺アセ
　② 辺キカ
　③ 点ア、点キ　　※順不同

5 （横12cm、たて14cm、高さ3cm）

p.136-137 **直方体と立方体** ○○🐾（ちょいムズ）

1 ① 面　6つ
　　　辺　12本
　　　頂点　8こ
　② 辺アオ、辺イカ、辺ウキ、辺エク
　③ 辺アイ、辺イウ
　④ （横8cm、たて0cm、高さ4cm）
　※②、③は順不同

2
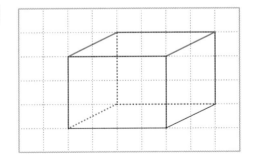

28

3

① 立方体

② 点ク、点カ

③ 面あ、面う、面お、面か

④ 辺コキ、辺スエ、辺セウ

※②、③、④は順不同

4

いを2まいとえを2まい

<p. 138-139

p. 138-139　4年生のまとめ ①

1

① 37000000000

② 3280000000000

2

①
```
    2 3
4)9 5
  8
  1 5
  1 2
    3
```

②
```
    1 3 4
6)8 0 8
  6
  2 0
  1 8
    2 8
    2 4
      4
```

③
```
    1 7 0
4)6 8 2
  4
  2 8
  2 8
      2
      0  ┐
      2  ┘※しょうりゃく可
```

④
```
    2 0 7
3)6 2 3
  6
  2 3
  2 1
    2
```

⑤
```
   1 3.5
 +  0.7 8
  1 4.2 8
```

⑥
```
  6.0 0
 -0.1 7
  5.8 3
```

3

① 17人　　② 26人

4

① 3.105km　　② 2.043kg

5

① 60°　　② 310°

6

式　240÷7＝34あまり2

　　34＋1＝35

<u>答え　35日</u>

p. 140-141　4年生のまとめ ②

1

①
```
      5
14)7 8
   7 0
      8
```

②
```
      2 0
43)8 8 3
   8 6
      2 3
```

③
```
      2 4
34)8 2 6
   6 8
   1 4 6
   1 3 6
      1 0
```

2

① 3×(7－3)÷2

＝3×4÷2

＝12÷2

＝6

② 49－42÷7

＝49－6

＝43

3

① 9850000

② 9800000

4

平行…⑦と⑦　※順不同

垂直…⑦と⑦　※順不同

5

式　$2\frac{2}{9} - \frac{7}{9} = 1\frac{11}{9} - \frac{7}{9}$

　　　　　　$= 1\frac{4}{9}$

答え　$1\frac{4}{9}$ m $\left(\frac{13}{9}$ m$\right)$

6

①

1辺の長さ（cm）	1	2	3	4	5	6
まわりの長さ（cm）	4	8	12	16	20	24

② 式　□×4＝○

③ 式　9×4＝36

<u>答え　36cm</u>

4年生のまとめ ③

1
① 1 2.6
× 4
5 0.4

② 3.5
× 8
2 8.0

③ 5 8.6
× 7 0
4 1 0 2.0

④ 2.9
× 3 7
2 0 3
8 7
1 0 7.3

⑤ 0.7 4
× 2 5
3 7 0
1 4 8
1 8.5 0

2
① 2
26)7 4.9
5 2
2 2.9

② 0.0 7 5
7 2)5.4 0 0
5 0 4
3 6 0
3 6 0
0

3 式 70×60+40×40
=4200+1600
=5800

答え 5800m²

58a

4 式 14.72×15=220.8

答え 220.8kg

5
① 直方体

② 辺ＡＢ、辺ＢＣ

③ 辺ＡＥ、辺ＢＦ、辺ＣＧ、辺ＤＨ

※②、③は順不同